紅林章央

都政新報社

はじめに

私は東京の街が好きだ。

東京生まれ（といっても八王子だが）の私にとって、小学生の頃、夏休み明けに田舎の話をする友人たちが羨ましく感じたものだった。しかし歳を経るにつれ、この街がどんどん好きになっていった。

スカイツリーができて、やたら元気になった浅草も良い。

丸の内仲通りは、いつのまにかニューヨークの五番街のようなたたずまいになった。

ライトアップされ、昼間とは違う顔を見せる隅田川もなかなかのものである。

ネットで本を買うことが増えたとはいえ、神保町で古本屋を巡り、疲れたら「さぼうる」で、いちごジュースで一休み。

一葉や鷗外を探して谷根千を歩き、最後を「乃池（のいけ）」の穴子寿司で締めるなんていうのも、東京ならではの楽しみ方である。

こんな魅力的な街、誰が造ったのだろうか。

日本史の授業で夢中になったのは、上杉謙信、黒田官兵衛らの戦国武将。さらに家来の直江兼続や後藤又兵衛の名前にも熱くなった。でも、毎日渡る橋、乗る地下鉄、シャワーを浴びる水道、造った人の名は、教科書の片隅にさえ出てこない。

知りたくないですか。この街を造った人たち、技術者たちのことを。

どんな思いを、どんな志を込めてこの東京を造ったかを。

HERO 東京をつくった土木エンジニアたちの物語

目次

第4章 橋

都市計画

1 孤高の土木技術者

直木倫太郎◉なおき・りんたろう

大正十四年九月十五日、日本橋の堀留川に架かる親父橋の開通式が、直木倫太郎復興局長官、宇佐美勝夫東京府知事、中村是公東京市長らが列席して盛大に挙行された。関東大震災の発災からわずか二年、復興橋梁として初の開通式であった。親父橋は昭和二十四年に堀留川が埋め立てられたのに伴い撤去されたが、親柱や欄干などに趣向が凝らされた美しい橋であった。しかし華やかな開通式とは打って変わって、翌日、復興局から直木長官の辞任が発表された。区画整理に伴う部下の贈収賄事件の責任を取ってのものであった。

直木倫太郎

直木倫太郎は明治九年に兵庫県で生を受けた。東京帝国大学土木工学科へ進学

開通直後の親父橋（撤去　中央区）

したが文学に傾倒し、特に俳句は「燕洋」という俳号を持つほどの本格派であった。根岸にあった正岡子規の自宅に出入りし、夏目漱石とは留学先のロンドンの下宿に半年も居候したほどの昵懇の間柄であった。俳句の腕前は、詩人土井晩翠をして「燕洋が残念なのは、土木技術者であること」と言わしめたほど高く、死後には三千句を収めた句集『燕洋遺稿集』も発刊された。また大正三年には「技術生活より」という随筆を発表し、この中で技術者論を著した。明治になり社会や国家を支えているのは新しい技術であること、それを生み出した技術者に自覚を促したこの著作は、後に事務官との待遇差改善を訴える運動を起こす技官たちにとってバイブルとなった。直木はこのように文理双方に秀でた秀才であった。

直木は明治三十二年に東京帝国大学土木工学科を首席で卒業。東京市に奉職して土木部に配属され、東京港の築港計画を担当した。江戸時代の東京は、江戸湊や品川湊に廻船が着き、運河沿いには倉庫が建ち並び、港湾都市としても賑わっていた。しかし、明治になると船が大型化。さらに隅田川で運ばれる土砂で水深も浅くなり、港としての機能が衰退し、その座を横浜に奪われていた。政界の有力者であった東京市議会議長の星亨はこれを憂い、東京港の築港を強く主張していた。星は築港を推進するためには、まず東京市に優秀な技術者を置くことが重要と考え、東京帝大学長の古市公威に学生の斡旋を依頼。直木の就職はそれを受けてのものであった。

直木は就職と同時に管理職にあたる技師を拝命。明治三十四〜三十六年には欧米の港湾調査に渡航した。調査結果は『東京築港ニ関スル意見書』として尾崎行雄市長に提出し、これが東京港建設事業の根幹となった。

しかし、横浜港があるのに東京に港は必要ないという世論は根強く、築港は進まなかった。そこで直木は、大型船ではなく五百トン級の中小船の航行を可能とすべく、隅田川河口を浚渫し、その土砂で埋立地を造成するという「隅田川河口改良工事」を立案した。これにより事業が進捗し、勝鬨や芝浦の埋立地が誕生した。工事費はこれらの埋立地を売却することで充てた。

明治三十八年に土木課長に就任。明治三十九年から四十四年には横浜港拡張工事で実践を積み、明治四十四年に河港課長として東京

正岡子規宅で開催された蕪村忌（明治32年12月）

市に復帰した。その後、改良工事も完了する目途がたったことで、大正五年には東京市を辞し、内務省技師に転じた。

その直後に大阪市から港湾部長での招聘を受け、これに応じ大正六年に来阪し、翌年からは都市計画部長も兼任した。大阪市の都市計画といえば、その推進者として助役や市長を務めた関一（はじめ）が名高い。しかし、実務者として実際の計画を策定したのは、他ならない直木であった。現在の大阪と東京は、都市の規模、人口、産業集積などいずれの面でもかなりの差がある。しかし直木が在阪した大正時代は決してそうではなかった。大正三年に勃発した第一次世界大戦後、欧米の列強国はアジア市場から撤退したが、これを契機に大阪では近代工業が勃興し、東洋一の工業地帯と言われるまでに発展した。大正十四年には周辺の四十四町村を合併して人口二百十万人となり、東京を抜いて日本一の人口を抱える都市に急成長した。人口の増大、工業、商業の発達、そして新しい交通機関である自動車の登場。都市計画の対象は、商工業・住宅地域の制定、土地区画整理、街路、鉄道、河川・運河、港湾、公園、上下水道などの基礎インフラから、墓地、火葬場、市場などの施設まで多岐に渡った。東京の近代化は関東大震災の復興でなされたが、大阪の近代化、それまでの江戸時代さながらの町割りからの脱却は、この大阪都市計画事業でなされたのである。

将来の自動車交通の増加を見込み、それを中核に据えた日本初の都市計画。その象徴が大阪駅から淀屋橋を経て難波駅前に至る、市中心部を南北に貫く道幅四十四メートル、延長四・五キロメートルの御堂筋であった。〈雨の御堂筋〉〈大阪ラプソディー〉など多くの歌謡曲に歌われ、大阪市民に愛された御堂筋は、この時代に直木が計画したものであった。

大阪時代の直木は、東京時代に増して忙しい時間を過ごした。大正九年一月「大阪市区改正設計」告示、大正十年三月内閣承認。そして大正十年度から都市計画事業に着手した。直木の八面六臂の活躍で大阪の都市計画は順調に船出した。

一方、東京市では、大正九年十二月に後藤新平が市長に就任し、翌年に『東京市政要綱』を発表。事業費七・五億円、約十五年をかけ東京市を近代都市に大改造しようとする計画であった。しかしメディアからは「後藤

完成した大阪市の「御堂筋」

の大風呂敷」と揶揄され、事業は遅々として進まず、座して関東大震災を待つことになったのである。

大正十二年九月、関東大震災の発災直後、内務大臣の後藤新平から大阪市長の関一に「直木倫太郎を譲って欲しい」との連絡が入った。関は躊躇したが、国家のためならばと了承した。九月二十九日、帝都復興院が創設され、直木は後藤総裁と二人の副総裁に次ぐ技監に就任した。大阪市の部長から一足飛びに高等官等一号棒という技官の最高峰に上り詰めたのである。なぜ直木が選ばれたのであろうか。後藤が主宰する「都市研究会」に参加していたこと、東京市での行政経験があり東京を熟知していたこと、東京市長永田秀次郎とは俳句を通じて昵懇の間柄だったことなど様々な理由が考えられる。しかし最大の理由は、震災復興を都市計画事業で行うにあたり、都市計画を熟知した技術者が求められたからだと思う。大阪市の都市計画策定にあたって、計画の線引きから事業費の積み上げまで行ったのは直木であり、国内には都市計画を実地に行い、直木以上に熟知した技術者はいなかったからである。

技監となった直木が最初に直面したのが、技術系職員の確保であった。当時、最も多くの土木技官を抱えていたのは、現在の国土交通省にあたる内務省土木局であった。土木局は河川については直轄部隊を持ち、道路については各県に技術者を派遣していた。このため直木は、まず土木局に職員の派遣を相談した。しかし結果は門前払いであった。内務省歴もわずかで、一市役所の部長に過ぎなかった直木が、一足飛びに技官で最高給取りになったことが、そもそも面白くなかった。内務省幹部の中には「区画整理などという複雑極まりない仕事はできるものか、つぶれるに決まっている」と公言するものもいたという。内務省からは、都市計画局は池田宏局長以下参加したものの、結局、土木局からの参加は最後まで皆無であった。

一方、土木局と並び土木技官を多数抱えた鉄道省は、自らも関東圏に多くの鉄道の復旧を抱えていた。しかし、土木局の対応を見た鉄道次官の岡野昇は、東大で同窓であった直木に同情し、復興院へ多くのエース級の投入を決断した。これにより土木系の要職は、ほとんどが鉄道省出身者で占められることになった。土木局長太田圓三以下、橋梁課長田中豊、道路課長平山復二郎、隅田川出張所長釘宮巌ら。後に彼らは、わが国の土木技術をリードする技術者へと育った。

復興院の主な幹部を挙げると、総裁後藤新平、副総裁宮尾瞬治、松木幹一郎、技監直木倫太郎、官房長金井清、計画局長池田宏、土地整理局長稲葉健之介、建築局長佐野利器（としかた）、土木局長太田圓三、経理局長十河（そごう）信二。このうち、松木、金井、太田、十河が鉄道省出身である。太田以外は事務官であり、土木以外も鉄道省職員が多かったことが分かる。もう一つの特徴は、後藤新平と旧知の関係者が多いということである。そもそも鉄道省出身者は、後藤が鉄道院の総裁をしていた時の部下であるし、宮尾は台湾総督府時代の部下、池田、佐野は都市計画研究会のメンバーであった。

しかし順調には事が進まなかった。十二月の皇太子裕仁親王が狙撃される暗殺未遂事件により内閣が総辞職。直木らの支柱であった後藤総裁が去り、翌大正十三年二月二十五日には帝都復興院も廃止され、内務省の一部局である復興局に格下げになった。

そして、直木がこの新組織のトップの長官に就任することになったのである。

大規模プロジェクトを行うに当たって最も大変なのは、その事業を軌道に乗せる時である。一度動き出せば大抵の事業は容易に回りだすが、プロジェクトが大きいほど抵抗も多い。未曾有の復興、しかも誰も経験したことのない区画整理事業での施行となれば、苦労は想像を絶するものであったろう。震災で土地の権利を示す公図も焼失し、まず権利者の特定から始めるというマイナスからのスタート。すでに焼失地にはバラックが建ち始めて権利関係は複雑を極め、東京選出の代議士たちはこぞって反対にまわった。直木と太田土木部長は、昼夜を問わず彼らの説得に回った。やがてこれが功を奏し、ようやく区画整理事業が動き出した。大正十四年九月十六日の直木の辞任は、ちょうどそんな時であった。

辞任は自ら言い出したのではなく、政権が交代して就任した内務大臣若槻礼次郎から迫られた末のものであった。後任の長官は若槻の腹心で事務官である前神奈川県知事の清野長太郎。さらに清野の後任は、内務省都市計画局長と土木局長を歴任し神奈川県知事も務めた堀切善次郎。これら後任人事からも分かるように、復興局長官は軍事費を除けば最大の予算を握る、官僚ではトップクラスの高官ポストだったのである。ゆえに政局に左右されるポストであった。これが部下の収賄を口実に、直木が詰め腹を切らされた内実であった。

さて時計の針を少し戻し、大正時代半ばの東京港に目を向けてみたい。直木が手掛けた第二期隅田川河口改良工事は、大正六年に竣工した。これにより五百トン級の船の出入りが可能になり、芝浦の一部（後の日の出ふ頭付近）や勝鬨（かちどき）の埋め立てが完成したが、直木が画策した三千トン級の船の航行や、晴海、豊洲、芝浦の各ふ頭、これらのふ頭を守る防波堤などの着工の目途は立っていなかった。

昭和初期の繁栄する東京港（日の出ふ頭付近）

これを動かしたのも後藤新平であった。後藤は大正九年に東京市長に就任すると、翌年の予算に第三期隅田川河口改良工事費を計上した。しかし事業が動き出したのも束の間、大正十二年に大震災が発生し事業は中止された。

ところが、しばらくすると状況は一変した。横浜港は震災で大破し、救援物資を陸揚げすることが不可能。京浜地域で使用できるのは、芝浦の岸壁だけだったのであった。このため芝浦沖には、物資の陸揚げを待つ船が鈴なりになった。岸壁の後背に拡がる埋立地は、物資の集積地として適地となった。陸上交通が壊滅的な被害を被ったなか、この岸壁がなければ東京の復興はままならなかった。直木が隅田川河口改良工事で造りあげたこれらの港湾施設が、東京の多くの住民の命を救い、そして復興を支えたのである。

　これにより、多くの人に東京港の必要性が認識されるようになった。国と東京市では港湾施設整備の補正予算を組み、大正十五年には東京で初めて大型船が接岸できるふ頭が整備された。このふ頭を「日の出ふ頭」と命名。さらに前記の防波堤や埋立地に加え、日の出ふ頭と市街地を結ぶ臨港鉄道、五千トン級の船も接岸できる岸壁や航路、横浜と結ぶ京浜運河など、直木が描いた東京港の開港に向け一挙に事業が動き出したのである。

　直木は復興局を辞任後、大林組取締役技師長に転じた。当時は工事の大半を役所が直営で行っていたため、ゼネコンなど民間会社は育っていなかった。社会的にも技術的にも官と民には大きな格差があり、民間へ再就職する高官もほとんどいなかった。このため、直木のこの就職に対して陰口を言う者が多かった。

　昭和八年十二月、直木は満州国建国に際して国務院国道局長就任を打診され、これを受諾し満洲へ渡ることを決意した。このポストは満州国の土木事業全般を所掌し、技官ポストの最高位であった。直木は満州各地を精力的に回り、貯水量が琵琶湖にほぼ匹敵する豊満ダム、大東港を核にした人口二百万人の大東市建設、ハルビン市から大連市に至る総延長九百キロメートルのアジア初の高速道路「哈大（はだい）道路」など、ビックプロジェクトを次々に計画し着手していった。首都・新京市（現長春市）では、水洗便所が百パーセント普及し電線は地中化された。戦後、私たちが手に入れた新しいインフラ。その多くはこの時代に満州国で誕生したのである。満州国は、さながら小さな島国では実現できない世界水準の土木事業や、最先端の都市計画事業などの壮大な実験場であった。

後に毛沢東が第二次国共内戦において「満州さえあれば、それをもって中国革命の基礎を築くことができる」と語ったように、満州は中国の他地域に比べて、産業もインフラも異次元の先進地帯に発展していた。中華人民共和国が昭和二十四年の建国以来、改革開放が始まるまでの間、東北地方（満州）が中国随一の工業地帯として中国経済を支えることができたのは、この時代の直木らによるインフラ整備を抜きにしては語れない。さらにそこで培われた高速鉄道、高速道路、ダム、都市計画などの最新技術は、帰国した技術者たちを介して、戦後のわが国の国土開発に多大な貢献をすることになったのである。

直木の土木技術者としてのキャリアは港湾で始まったが、最期も港湾で幕を閉じた。直木は大東港の建設現場を視察した際に体調を崩し、昭和十八年二月に肺炎によりその地で逝去した。直木が渡満を決意した時、周囲からは驚きの目が向けられた。その時の直木は五十八歳。現代でも一線から退く年齢である。すでに富も名声も手に入れ、わざわざ好き好んで満洲までいかなくてもという声があふれた。しかし、「雲凍るこの国人となり終えん　死所を得て懐炉（かいろ）の旅に上がりける」の詩を残し渡満した。直木はそれ以前に五回ほど満洲を訪れ、満洲のことは熟知していた。

復興局長官の座を志半ばで去らざるを得なかった直木にとって、そんな満州の地は未来と希望にあふれた新天地であり、自らの土木技術者としての総決算に相応しい地に思えたからに違いない。直木にとって満洲で過ごした最期の十年間は、人生で最も充実した時間だったのではないだろうか。

米国の詩人サミュエル・ウルマンの『青春』の一節を記したい。「青春とは人生の或る期間をいうのではなく、心の様相を言うのだ。優れた創造力、逞しき意志、炎ゆる情熱、怯懦(きょうだ)を却(しりぞ)ける勇猛心、安易を振り捨てる冒険心。こういう様相を青春というのだ。年を重ねただけで人は老いない。理想を失うときに初めて老いがくる」。直木は最期まで駆け続け、さながら青春の真只中で逝った。偉大な、そして幸せな技術者人生だったと思う。

2 東京を描いた都市計画家

山田博愛◉やまだ・ひろよし

関東大震災の復興といえば、多くの人は永代橋や清洲橋など、隅田川に架かる橋を思い浮かべるだろう。これらの橋は、最新のテクノロジーで造られ、美しい構造美を見せ、復興のシンボルとして申し分のない千両役者であった。改めて述べるまでもなく、橋は道路の一部である。この道路、そしてそれらが織りなす道路網こそが、震災復興が遺した最大の遺産であり、近代都市東京を支える最も重要なインフラとなった。

明治になっても、東京の大半は明暦三（一六五七）年の明暦の大火を期に保科正之により造られた町割りが残り、物流の多くも江戸以来の運河を介した舟運に頼っていた。明治中頃から、東京では市区改正と呼ばれた都市計画を制定しようとする動きがあり、明治二十二年に公示された。しかし財政難などから事業は遅々として進まず、明治三十六年には計画が大幅に縮小され、これが大正期に入りようやく完成するという有様であった。

このようなゆっくりした動きに危機感を持ったのが、世界の潮流を見るに敏であった産業界と軍部であった。明治の末に自動車が登場して、欧米の道路はこれに対応すべく急速に整備が進められていた。さながら、現在の脱炭素社会に向けての構造改革競争のようなものである。産業も軍事も、トラック輸送や戦車、装甲車など、道路社会を制するものが次代を制するという新たな「産業革命」であった。これには、基礎インフラとなる道路を整備することが急務と捉え、両者はそのための法整備を求めていた。それを受けて、大正八年に都市計画法と道路法が制定されたのである。そんな最中に大震災は起きた。


震災で一面焼け野原になった東京。災い転じ、震災は東京の近代化にとってはまたとない機会になった。東京に新たな都市計画の線を引き、未来の東京を描く、その重責を担った技術者が帝都復興院第一技術課長の山田博愛であった。

山田は、明治十三年に新潟県上越市に生まれ、明治三十八年に東京帝国大学土木工学科を首席で卒業し、東京市へ奉職した。そして明治四十一年には早くも道路課長に昇進。この当時の東京市の土木系の課長には、多少時期は前後するが、橋梁課長に樺島正

山田博愛

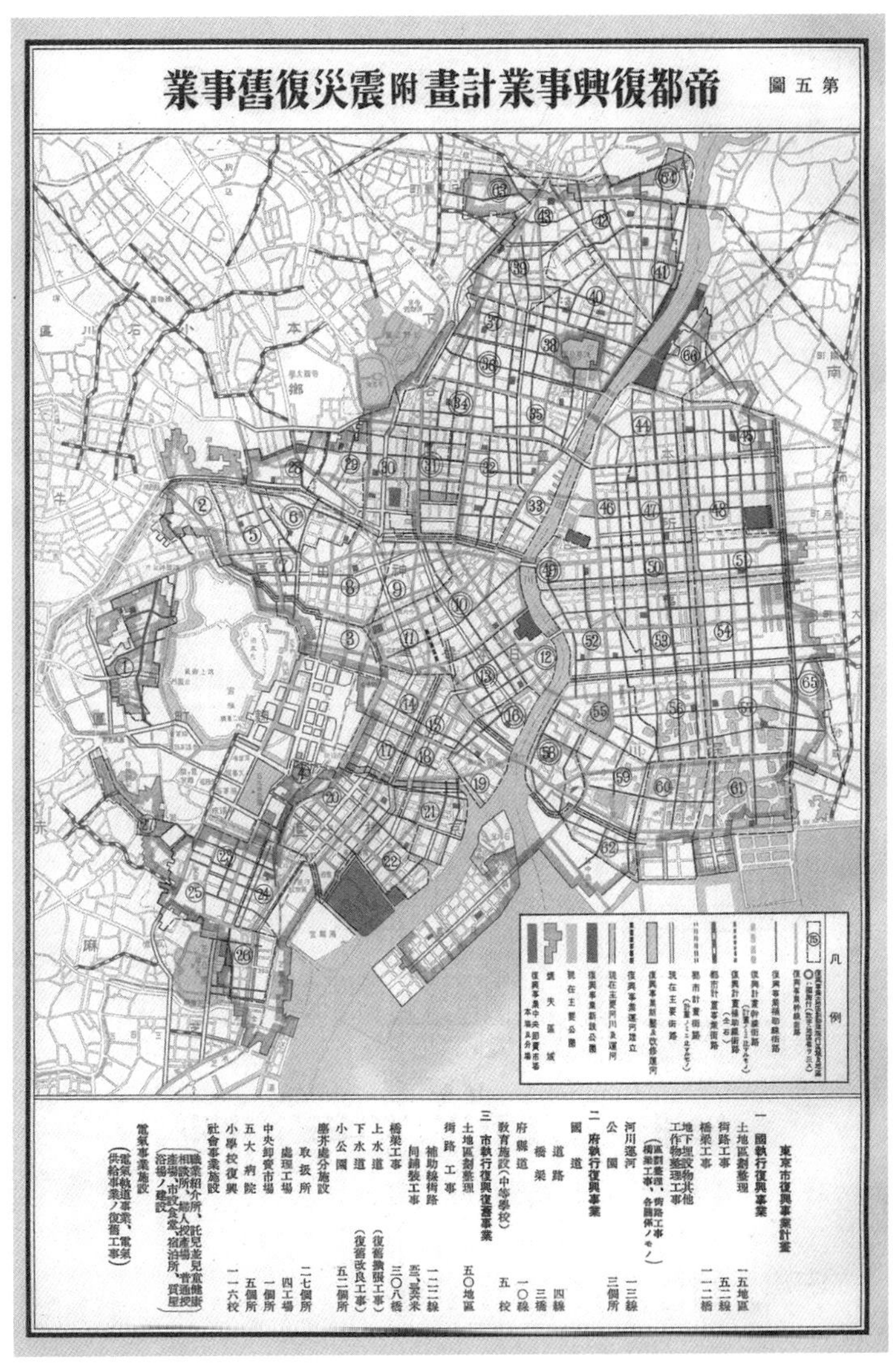

山田博愛らが作成した帝都復興事業計画図

義、河港課長に直木倫太郎など、いずれもその分野でわが国を主導する、そうそうたる顔ぶれがそろっていた。その後、山田は内務省へ移り、埼玉県土木課長、滋賀県土木課長などを歴任した。

大正七年、内務大臣後藤新平のもと都市計画法の制定に向け、内務省に都市計画課が設置された。課長は事務官の池田宏で、土木の主任技師として山田が抜擢された。その後、山田が中心になって、わが国初となる都市計画法がまとめられた。都市計画法は大正九年一月から六大都市に施行された。大正十二年からは全国二十五の中核都市にも適用され、順次、他の市町村に拡大していった。これに伴い、山田は全国各地で都市計画についての講演会を開催し、その啓蒙に努めた。そして都市計画課は、大正十一年に都市計画局に昇格し、山田は新設された技術第一課長に就任した。

大正十二年九月一日、関東大震災が発生。都市計画局が入る内務省の建物も焼失した。山田は焼け残った東京市役所地理課分室を借り受け、早くも九月五日には東京市の復興案作成に着手した。まだ復興院は組織されておらず、東京市役所も被災して目の前の対応に手一杯。そのような状況下で復興計画を作成できるのは、自らを除いていないとの想いが、山田を駆り立てたのである。

九月二日に第二次山本権兵衛内閣が組閣され、後藤新平は内務大臣に就任した。後藤は政府が焼失地を全て買い上げ、白紙から東京を造り上げる東京大改造案を考えていた。山田は後藤の命を受け、これに基づいた復興案を作成した。復興事業費四十一億円、復興期間二十年。九月九日、後藤はこの案を公表した。当時の国家予算の概ね三カ年分にあたるこの案を、メディアは再び「後藤の大風呂敷」と報じた。

山田は後藤の指示で案を作成したものの、事業費の大半を海外からの借金に頼らねばならないため、国家財政が破綻してしまうと危惧していた。さらに二十年という長期に渡る工期では、その間に経済が疲弊してしまうに違いないとも考えていた。そこで土地を買い上げるのではなく、区画整理で行うことや、道路など都市施設の規模を縮小するなど、事業費の削減を検討し、三十億円案、二十億円案、十五億円案、十億円案の四案を作成した。

そして、九月二十二日に開催された内務省の予算会議に、この四案を提出し判断を仰いだ。

山田は、財政規模などを勘案すると十億円案が妥当と考え、事前に内務省会計課長の堀切善次郎と協議を重ね、十億円案を落としどころにするよう根回しをしていた。これが功を奏し、会議で内務省案は十億円案に決定した。この結果は、翌日に後藤新平に報告され了承を得た。震災からわずか三週間で、内務省による都市計画案が確定した。驚異的なスピードであった。

大正十二年九月二十七日、後藤新平を総裁とする帝都復興院が設立され、山田は計画局第一技術課長に就任し、引き続き復興計画に取り組むことになった。しかし山田の意に反し、総額十億円の内務省案は国会をすんなりとは通らなかった。まず大蔵省との予算協議の結果、復興は焼失区域だけに限定されて七億円に減額され、この案で閣議決定された。さらに十一月二十四日に開催された帝都復興審議会では、枢密顧問官伊東巳代治らが反対し、港湾予算などが削られて五億七千万円に減額された。十二月十日に開会した国会でも、立憲政友会の猛反対にあった。立憲政友会は、焼失地域に占める道路の面積割合をニューヨークやロンドンにならうのではなく、パリやベルリン並みの約二十五パーセントに抑えるべきと主張し、これを受け道路の幅員は縮小され、予算額は最終的に四億三千万円まで減額された。

　山本権兵衛内閣を支える与党は、少数派の革新倶楽部。第一党の立憲政友会や憲政会の協力が得られず、政治基盤は大変脆弱であった。このため、首都の多額な復興費は、地方に基盤を置く立憲政友会の格好の攻撃の的になった。復興が政争の具にされ、都市計画案が縮小され続けたことは、震災を機に東京を理想的な近代都市に再構築しようとした山田にとって、さぞかし無念であったろうと思う。

　十二月二十七日、皇太子裕仁親王が狙撃される暗殺未遂事件（虎ノ門事件）が発生した。これを受けて、山本権兵衛内閣は総辞職し、後藤も辞表を提出。山田は後ろ盾を失った。翌大正十三年二月二十五日には帝都復興院も廃止され、内務省の中に復興局が設置された。省扱いの組織から内務省の一部局への格下げ、後藤を失った影響は想像以上に大きかった。

　そして山田は、出先機関である東京第一出

完成した昭和通り（神田紺屋町付近）

張所長に異動になった。事実上の左遷であった。本庁課長から出先の所長への異動。事実上の左遷であった。震災復興は、都市計画を定めて主に区画整理で整備されたが、これに対し当時、内務省の主流派であった土木局は、既存の道路法により整備すべしと反対していた。この対立から土木局は、復興院へ一人の職員も派遣しなかった。復興院の土木組織は、主に都市計画局と鉄道省からの派遣で賄うしかなかった。そして復興院が廃止され、内務省の一組織になってしまった以上、都市計画や区画整理を主導した山田らに、内務省から何らかの人事的圧力が働いたと考えても不思議ではなかった。

第一出張所は、中央区と千代田区、港区の一部などを所管し、主に区画整理や三吉橋、南門橋などの工事監督を行っていた。山田の在職中、橋の工事は進んだものの、区画整理は地主らの反対にあい、進捗は芳しくなかった。大正十四年九月十日、山田は多くの工事の竣工を見ずに閑職の技術試験所長に異動になった。そして、わずか一カ月半後の十月三十日に退官した。都市計画家山田博愛の第一線での実戦は終わった。

二年前に時計の針を戻そう。復興計画は数十回に及ぶ会議を経て、山田らが作成した案は次第に縮小されていった。その都度、計画図と概算費用の改訂を求められ、それを翌日までに作成するということが常態化していった。山田らは不眠不休で作業にあたり、完成すると、それを持ち関係者への根回しに奔走した。想像を絶する事務量だったと思う。案が縮小されるたびに山田は苦悩し、部下も近寄りがたい雰囲気が増していった。課内には常に緊張した空気が張り詰めていたという。

山田はそれを乗り越え、わずか三カ月という短期間で、ほぼ東京市全域にわたる都市計画案を策定した。こうして生み出された街は、百年を経た今でも世界屈指の大都市として機能し続けている。大正七年に都市計画課が設置されて以来、山田はこの国の都市計画を生み育て、そこで蓄積した知識は、関東大震災の復興計画で見事に活かされた。山田博愛という技術者の名を知る人は稀であろう。しかし、復興で生まれ変わった「街」、私たちが住む「街」東京は、まさしく都市計画家山田博愛によって描かれたのである。

いくらコンダクターが優れていても、それだけで素晴らしい音楽を奏でることはできな

完成した和田倉門前交差点のラウンドアバウト

い。そこには、優れた演奏者が不可欠である。さながら震災復興では、後藤新平をコンダクターに例えれば、指揮棒を振り下ろした瞬間に、山田博愛はヴァイオリンを奏で始めるコンサートマスターだったのではないだろうか。私が聴衆ならば、このオーケストラにアンコールの拍手を贈ったに違いない。

3

坂の上の虹

来島良亮◉くるしま・りょうすけ

明治通りを新宿から北進し、高戸橋の交差点を過ぎると、右手に都電荒川線が並走し、雑司が谷の台地への上り坂に差し掛かる。坂を上ると、正面にクラシカルな緑色のアーチ橋が現れ、道はこの下をくぐり池袋へと向かう。橋の名は千登世（ちとせ）橋。上を通るのは目白通りである。昭和七年に架けられたこの橋は、日本最初の幹線道路同士の立体交差橋である。緩やかな曲線を描き、坂の上に虹のように架かるアーチ橋。国内で最も美しい陸橋だと思う。

橋上の南東側の橋詰めに、東京の道路では珍しい記念碑が建つ。花崗岩の台座の上には、一人はシャベルを持ち、もう一人はつちを打ち下ろす土木労働者のブロンズ製の像が乗り、側面には眼光鋭い男の顔が刻まれている。これは東京環状道路開通記念と、この事業を推進したが、開通を目前に病に倒れた東京府土木部長来島良亮の追悼を兼ねた記念碑である。

東京環状道路とは、大正十年に都市計画決定され、昭和八年に開通した東京初の環状道路である。ルートは、品川の八ッ山橋を起点とし、五反田、渋谷、新宿、池袋、王子を経て、隅田川を白鬚（しらひげ）橋で渡り、亀戸、江東区砂町に至る延長約三十二キロメートルの路線で、五反田から渋谷は現在の山手通り、それ以外は概ね明治通りに合致する。この道路は、新宿、渋谷、池袋など東京を代表する繁華街を通るが、当時は東京市（旧十五区）外の郡部であったため、建設は東京市ではなく東京府が行った。

事業期間は十二年、総事業費は三千万円余

東京環状道路開通記念碑・来島良亮追悼碑

（現在価値で約一千億円）というビックプロジェクトであった。

東京の道路網は、震災復興で造られたと思われている方が多いと思う。確かに都心部はそうだが、その外側の二十三区の骨格をなす道路の大半は、この時代に東京府の都市計画道路事業で施行された。これにより明治通り以外にも、東海道、甲州街道、玉川通り、中原街道、目黒通り、中山道など、東京を支える主な道路が自動車も通行できる近代的な道路へと改良されていった。

この道路事業を推進したのが、記念碑のもう一人の主役である来島良亮であった。昭和二年、六大都市を持つ府県に土木部が新設された。それ以前は、府県の土木組織は、内務部に設けられた土木課という一課に過ぎなかった。しかも、その課長ポストには、土木職ではなく事務職が就くこともあった。そのため、府県に土木部を設け、部長ポストを土木職で取ることは、霞が関の土木官僚の積年の悲願であった。特に、首都東京の土木部長人事を最重要視しており、人選は事務・土木双方が相まみえて難航した。部長には技術一辺倒ではなく、地方行政も担える人材が求められ、白羽の矢が立ったのが来島であった。来島は明治十八年山口県生まれ。明治四十五年に東京帝国大学土木工学科を卒業して内務省に入り、利根川や秋田

東京府土木部長
来島良亮

開通直後の千登世橋（豊島区）

県の雄物川の河川改修にあたっていた。面白いのはその秋田での経歴で、内務省に席を置きながら秋田市議を二期に渡って務めた。その市議としての評判が、秋田でも内務省でもすこぶる良かったのである。

来島が土木部長に就任した昭和二年は、東京市内では震災復興事業の最盛期であった。来島は急速に出来上がりつつある東京市（旧十五区）の道路網に対して、市周辺部の道路の脆弱性を痛感し、事業費一億円（現在価値で約三千億円）を要する第二期都市計画事業を立案する。震災復興も終わらないうちに、膨大な事業費の新事業を立ち上げるのは無謀との声の中、内務省や議会を説得するなど孤軍奮闘し、在任期間の六年間に渡り道路事業を推進した。その事業箇所は、後藤新平が震災直後に帝都復興として立案したものの、大風呂敷と揶揄され、諦めざるを得なかった東京市と隣接したエリアにほぼ合致する。震災復興の区画整理で、生活道路まで整備された東京市内のようにはいかなかったものの、この事業により東京の道路網の骨格は造られた。また、道路建設に伴い、千登世橋をはじめ、白鬚橋や目黒新橋、音無橋など、東京の都市機能上も景観上もなくてはならない多くの橋も架けられた。来島がこの時、道路事業を推進しなかったなら、今日の東京の交通事情そして防災や流通が、どんな悲惨な状況になっていたかは、誰でも容易に想像がつくのではないだろうか。

昭和八年十一月、来島は四十八歳の生涯を閉じた。死後、後任の土木部長の金子源一郎が発起人となり、来島を敬慕する人たちにより前述した碑が設置された。東京府や東京都に在籍した役人の中で、その功績を偲ぶ碑が建立された者は他にいない。いかに彼が部下たちに慕われ、そして彼の残した業績が偉大であったかの証しと言えよう。碑が建つ千登世橋は、東京環状道路と目白通りが交差し、しかも当時、最先端を行く立体交差構造という、東京の都市計画道路の聖地とも言える場所であった。だからこそ碑はこの地に建てられた。

明治通りの坂を上り、千登世橋を仰ぎ見ると思うことがある。橋の長さは三十メートルとさほど長くない。この長さならアーチ橋より桁橋の方が建設費も安く、設計も施工も簡単だ。なぜアーチ橋を架けたのだろうか。昭和初期、日本の道路事情は欧米に比べて半世紀以上も遅れていると言われていた。そんな中、来島ら土木技術者たちはこの坂を上るように、一歩ずつ踏みしめながら東京に道路網を築いていった。そして坂を上った先に、来島は虹を見たかったのではないだろうか。千登世橋のアーチを虹になぞらえ、青空にくっきりと浮かび上がる虹を。

橋の傍らに建つ碑の来島の目は、今日も自らが造った明治通りや千登世橋を見守っている。そして「今の東京の道路網はどうかね」と問いかけているように思える。

開通直後の白鬚橋（台東区・荒川区・墨田区）

開通直後の音無橋（北区）

開通直後の目黒新橋（目黒区）

4

建設省を作った男

兼岩伝一 ◉かねいわ・でんいち

休日に橋の写真を撮って歩くようになって三十年がたつ。先日、撮りためた橋の数を数えたら、六千を越えていた。橋の写真を撮る場合、まず橋の正面と側面を収め、次に写すのが橋桁に付けられた橋歴板という横五十センチ、縦三十センチほどの鋳物製の鉄板である。これには、施工年、発注者、施工業者、設計基準などの情報が刻まれている。いうなれば、橋の戸籍のようなものだ。私が撮った橋歴板の中で、最も珍しいと思っているのが多摩川大橋のものである。

多摩川大橋は、第二京浜（国道一号）が多摩川を渡る箇所に架かり、昭和二十四年にGHQの占領下で開通した。橋歴板は大田区側にあり、「昭和二十三年、建設院建造、日鉄八幡、太平工業製作」と記されている。「日鉄八幡」とは、戦時下に国により国内の製鉄各社が合併させられ誕生した国策会社「日本

開通直後の多摩川大橋（大田区・川崎市）

多摩川大橋の「建設院」の名が刻まれた橋歴板

製鉄」のことで、昭和九年から二十五年まで存在した。

「建設院」は、工事を発注した役所の名称であろうが、初めて見るものであった。さっそく検索してみると、国土交通省の前身で、昭和二十三年一月から七月までのわずか半年間のみ存在した役所と分かった。多摩川大橋の橋桁は、この間に製作されたことになる。さらに建設院について検索を進めると、兼岩伝一という一人の土木官僚がヒットした。経歴を調べると私は引き込まれた。明治三十二年、愛知県江南市生まれ。大正十四年に東京帝国大学土木工学科を卒業して復興局に奉職。配属になったのは、釘宮巖が率いた隅田川出張所で、担当したのは清洲橋のニューマチックケーソン工事。その後、昭和三年に内務省人事で愛知県都市計画課へ異動。この時の直属の上司は石川栄耀。石川は、後に東京都都市計画課長や建設局長を、退職後は東京都の初代参与などを務めた。日本都市計画学会の設立にも尽力し、その業績から同学会には「石川賞」が設けられている。わが国の都市計画における巨星である。兼岩は石川の下で都市計画、特に区画整理をたたき込まれた。昭和十一年、三重県都市計画課長へ異動。戦後復興の一翼を担った四日市のコンビナートは、その時に彼が立案したものであった。昭和十七年に東京府道路課長へ異動。

兼岩伝一

開通直後の万年橋（撤去　青梅市）

在任中に日本最長の鉄筋コンクリートアーチ橋の万年橋（青梅市）を完成させている。東京とは二度に渡って縁がある技術官僚であった。その後、埼玉県土木課長を経て昭和二十一年に内務省調査室に転任した。

国や地方自治体に勤務する技術系職員で「全建」を知らない者はいない。正式名称は一般社団法人全日本建設技術協会。全国の技術系公務員六万一千人からなる公益団体である。この協会を設立し、初代会長となったのが兼岩であった。戦前、国の土木組織は内務省土木局がその頂点にあった。局長をはじめ、道路課長も河川課長も事務官が務め、土木官僚は単に技術面をつかさどるのみで、行政面にはあまり関わりがなく、事務官より低いものと見なされていた。これは県レベルでも同様であった。兼岩は、こんな土木公務員の地位を向上させようと運動を開始し、全国の土木公務員の結集を図り、昭和二十一年に全建を設立した。

兼岩の目標は、全県に土木部を設置して、その部長ポストを土木職が獲ること。そして内務省から独立し、土木・建築の専管の省である建設省を設立することであった。兼岩が建設省設立にあたり理想とした組織、それは兼岩の最初の職場の復興局だった。復興局は、関東大震災の復興を目的に内務省の外局として設けられ、局長にあたる長官には東京市の土木課長などを勤めた直木倫太郎を充てた。戦前の役所では唯一、土木職をトップに頂く組織であった。

土木部長に土木職が就任することは、全建の運動が功を奏し実ったものの、建設省設立のハードルは高かった。兼岩は役人としての限界を感じ、全建を支持母体に昭和二十二年の第一回参議院選挙に無所属で立候補し当選する。兼岩は国会議員になったことで、前にも増して、内閣やGHQに建設省設立の陳情を繰り返し、ついに昭和二十三年に建設院を設立、そして半年後には建設省に改名し、中央官庁では唯一、次官に土木官僚を頂く組織となった。しかしその直後、兼岩は共産党に入党する。これに対し、全建会員から非難が殺到して、会長辞任に追い込まれた。

兼岩を育てたのは、復興事業と区画整理であった。復興事業からは、仕事の内容を熟知した者が行政をつかさどることが合理的なことを学んだ。区画整理は、住民が減歩で土地を負担しあい、道路などの公共施設に充てることで、住民皆の利便性が増す。恐らく兼岩は、区画整理に深く携わるにつれ、公共の福祉とは何かを強く考えるようになったのではないだろうか。愛知県時代、兼岩は社会主義革命を成し遂げたソ連の都市計画に傾倒し、区画整理を始めとする都市計画を合理的に行うには、計画経済下の社会主義国家が最適と考えるようになった。彼の中で合理的とは、言い換えれば、住民が幸福になる最善策であった。故に建設省設立も共産党入党も、彼の中では決して相反する行動ではなかったのであろう。

その後、兼岩は次期参議院選挙で落選し、再び国会に戻ることはなかった。兼岩がひのき舞台に立ったのは、終戦直後のわずか数年であった。焼野原から復興し、経済成長を支えるためのインフラを整備すること、そしてそれを主導する新しい役所「建設省」の設立を時代は求めていた。兼岩は、その時代に突如として現れ、成し遂げると時を置かず去って行った。己の考えに正直に、どこまでもまっすぐに生きた人生だったと思う。

敗戦でリセットされ誕生したばかりの日本社会には、自分と異なった思想や考え方をはなから排除するのではなく、尊重し受け入れる寛容さがあった。兼岩が活躍できたのも、そんな時代だったからかもしれない。

5 夢を与えた都市計画家

石川栄耀◉いしかわ・ひであき

私が最も好きな橋のある風景。それは、お茶の水橋の上から聖橋を眺めた風景だ。神田川の渓谷に大きな弧を描くアーチ。これぞ鉄筋コンクリートアーチ橋というフォルム。橋が架かったのは昭和二年というから約百年も前だが、これに勝るコンクリートアーチ橋はいまだ国内にないと思う。そして、神田川すれすれに架かる地下鉄丸ノ内線の鉄橋。ここを電車が渡る時には、鉄道マニアならずとも、思わずシャッターを切りたいという衝動にかられる東京を代表する景観である。

この丸ノ内線の鉄橋、正式名称は神田川橋梁という。橋の両脇に鋼鉄製の箱桁を抱いた下路式鋼箱桁橋という構造で、橋桁をよく見ると、まるで蒲鉾（かまぼこ）のような特異な形状をしている。昭和二十六年に架けられ、橋の長さは三十六メートルほど。一見何気ない小橋であるが、この橋には当時の日本の橋梁技術の粋

地下鉄丸ノ内線「神田川橋梁」(後ろのアーチ橋は聖橋)

が込められていた。

　地下鉄に橋がある。しかも川を渡る橋があるというのは奇異である。銀座線や丸ノ内線など初期の地下鉄は、シールドなどのトンネル技術が未成熟だったことから、地上から掘削し躯体を構築する開削工法で施工された。このため、掘削量を少なくするため、地表からできるだけ浅い箇所にルートが取られた。その結果、お茶ノ水のように周辺の台地が高く、谷が深い箇所では、地上に顔を出してしまったのである。

　しかし、顔を出した地点は神田川。河川管理者からは洪水などを考慮して橋脚を設置しないことや、干潮時に川面から橋桁の下端まで四・五メートル以上を確保するとの条件が付された。また、川と橋との交差は三十三度という極端な斜角であることから、橋体に大きな「ねじれ力」が生じた。さらに神田川の渓谷は風致地区に指定されており、景観に特に配慮する必要もあった。事業を行う帝都高速度営団（メトロの前身）にとっては、大変厄介な案件であった。

　この難題を解決するために学識経験者や関係者からなる「地下鉄神田川橋梁懇談会」が組織され、橋の構造が検討された。委員には元復興局橋梁課長の東京大学名誉教授田中豊や、日本大学教授の成瀬勝武など、当代一流の技術者が名を連ねた。

　まずアーチ橋やトラス橋が検討されたが、アーチやトラスが斜めに配置されると、見た目に安定感を欠くことや、斜角により生じるねじれ対策から不適とされた。そこで浮上したのが橋桁を両脇に抱えた下路式の桁橋であった。しかし、橋長やねじれ対策を考慮すると、橋桁は鈑桁（ばんげた）ではなく箱桁にする必要があった。国内で初めての構造であったため、委員の中には異を唱える者もいたが、有識者の田中豊が推奨したことから、この案で決着を見ようとしていた。

　しかし、ここで意見が出た。「構造はいいが、橋桁の形状はいかがなものか。橋桁が四角い直方体では、上空に架かる聖橋の柔らかいアーチの曲線と調和しない。橋桁の角に丸みを持たせた蒲鉾型にできれば、景観に調和するのではないか」。声の主は、東京都建設局長の石川栄耀であった。石川は、神田川の管理者及び風致地区の責任者として出席していた。

石川栄耀

現在、優れた橋の建設や論文に贈られる賞として、土木学会の「田中賞」がある。この賞は、橋梁技術者や学者として活躍した田中豊の功績を記念して制定された。

一方、都市計画の進歩や発展に顕著な貢献をした団体や個人に贈られる賞に、都市計画学会の「石川賞」がある。この賞は東京の戦災復興をはじめ、全国各地の都市計画で活躍した石川栄耀の功績を記念して制定されたものである。いずれも、その道の専門家にとって一生に一度は取りたいと願う賞である。いわば田中と石川はそれぞれの世界では、神様のような技術者であり学者であった。その二人の論争。他の委員たちが、固唾を飲んで見守ったであろうことは想像に難くない。しかし、田中は発言することはなく論は決した。

日本初の箱桁橋。日本最大の斜角を持つ橋。しかも橋桁の形状は、蒲鉾型という特殊型。橋の製作や架設には、高度な橋梁技術が求められた。現在、箱桁橋は最もポピュラーな橋梁構造の一つになったことや、複雑な線形や形状に合わせた橋桁も難なく造られるようになったことなどを考えると、神田川橋梁がわが国の橋梁技術に与えた影響は大きかったと思う。

震災復興などの資料を読むと、田中は構造には妥協しないが、デザインについてはとりわけ固執するタイプではなかったのではと感じている。震災復興でその面を補ったのは、グランドデザインでは土木部長の太田圓三であり、ディテールのデザインでは山田守などの建築家たちであった。この時も橋の構造について、自らの意見が通ったことに納得し、橋桁のディテールについては景観に詳しい石川に譲ったのではないかと思う。

東京の街づくりを語る上で、絶対に外せない技術者が石川栄耀である。栄耀は明治二十六年に山形県天童市に、根岸文夫・里う夫妻の次男として生まれた。六歳の時に叔父の石川銀次郎の養子になり、石川姓を名乗ることになった。日本鉄道（現在の東北本線）の技師であった養父の転勤に伴い、浦和、盛岡と引っ越し、中学は盛岡中学（現在の盛岡第一高校）で学んだ。ここで栄耀は文学に傾倒する。栄耀は生涯に二十冊の本と、雑誌などに五百編に及ぶ執筆を行った。滑らかな文体は、一般都市計画や土木の専門家だけではなく、一般の多くの人をも魅了した。その素養は、この頃から磨かれたものだったに違いない。そしてこの時期に、栄耀は生涯を決める一冊の本に出合った。地理学者の小田内通敏（おだうちみちとし）が著した『趣味乃地理　欧羅巴（ヨーロッパ）』。この本が栄耀の興味を文学から「都市の世界」へといざなうことになったのである。仙台の第二高等学校を経て、大正三年に東京帝国大学土木工学科へ進学。学科を選択する際に、土木か建築か造園かで迷った末に「美しい道路、美しい橋の朗らかさ健やかさ」という思いが勝り、土木を選択したという。

入学すると栄耀は、寄席通いを始めた。当

時の寄席は、江戸以来の演芸が繰り広げられる、江戸趣味が凝縮された空間。栄耀はこれに引かれた。栄耀は後年、都市計画の講演会で全国を回り、どこでも巧みな話芸で聴衆を引き付けた。これが多くの栄耀ファンを作る源泉になったのであるが、それは大学時代の寄席通いで磨かれたのである。

授業では広井勇教授が指導する橋梁工学にのめり込んだ。凝り過ぎて課題設計が提出期限に間に合わず、留年するという失態を演じた。しかし、その一年間は決して無駄ではなかった。建築や造園の授業を聴講し、後の都市計画家石川栄耀の礎が築かれることになった。

大正七年に東大を卒業し、米国の貿易会社の建築部に就職。なお、同期の首席は、内務省に就職した青木楠男であった。青木は後に橋梁の大家となり、内務省土木研究所の所長や早大教授などを務め、栄耀の人生の節目、節目に大きな影響を与えることになる。

栄耀は二年後に広井教授の紹介で、日本初の橋梁専業メーカーであった横河橋梁製作所に転職した。半年後、青木から連絡が入った。内務省に都市計画課ができることになり、技術者を探しているが、応募しないかというものであった。栄耀はこれに応じた。留年中に学んだ建築や造園をも包括した都市計画の魅力が、栄耀が土木を選択した理由でもあった橋の魅力を凌駕したのである。さて、採用が決まると、横河橋梁の上司であった江橋工場長は、餞別にお金ではなく、丸善書店にあった都市計画の図書（洋書）を全部買って贈ったという。栄耀は後に自著の中で「それが私の新しき出発にどの位役だったか解らない」と感謝を述べている。実に気の利いた餞別。こんなことが、さり気なくできる上司になりたい。

内務省技師に任命されると同時に愛知県に派遣された。都市計画法が施行され、六大都市を持つ府県に都市計画地方委員会が設置されたのを受けてのものであった。栄耀は東京勤務を希望したが、それはかなわなかった。都落ちの気分で名古屋駅に降り立ったが、中部地方の中核として都市基盤を整備しようとする名古屋のかっ達性は、栄耀を都市計画の虜にするまで時間を要しなかった。結局、大正九～昭和八年までの十四年間も名古屋で過ごした。

この間、栄耀に大きなインパクトを与えた出来事が二つあった。一つは、大正十二年に起きた関東大震災であった。緒に就いたばかりのわが国の都市計画は、この震災復興を横目で見て「都市計画とは」の答案とした。名古屋も、震災復興と同様に区画整理に軸足を置いて都市計画を行うことになり、この栄耀らの時代、そして戦災復興を通じて、国内で最も区画整理で成功した都市となった。もう一つは、大正十二～十三年の欧米視察であった。そこで栄耀の心に残ったのは、都市は広場を中心に造られているということであった。この記憶は、後に東京の戦災復興で活かされることになる。

帰国した栄耀は、主任技師として名古屋市の都市計画の策定に没頭した。大半が農地だ

名古屋市都市計画で誕生した「桜通り」

った名古屋市郊外を踏破し、市民に都市計画とは何かを説き、役所に帰ると都市計画案の図面を引いた。栄耀が作成した名古屋市初の都市計画では、当時の人口の二倍にあたる百三十万人を将来人口に見据え、商業、工業、住宅などの用途や、四十に上る街路網や運河網を定めた。これらの施設の大半は当時の規模のまま現存し、現在も名古屋の都市交通を支えている。名古屋の近代化、そしてその後の繁栄は、栄耀が築いたと言っても過言ではない。

前述したように、名古屋の都市計画の多くは区画整理によって造られた。栄耀は区画整理による市街化により、都市施設が整備され、利便性が増すことで地価が上がり、資産価値が増すことを訴え、市内各所で説明会を開催した。説明会には多くの住民が参加した。そこで栄耀は都市計画という自らの夢を語り、住民もまたそれぞれの生活の夢を抱いた。そんな時間であった。

これが功を奏し、名古屋人の旺盛な土地投機熱にも支えられ、現在の市域のほぼ二割にあたる区域で、住民たちによるいわゆる「組合施行区画整理」が行われた。やがて、栄耀の現れるところは、地価が上がるとの噂まで立つようになった。これにより名古屋では、東京や大阪に比べて、はるかに広い計画的市街地が形成されていったのである。栄耀は続いて豊橋市、一宮市、瀬戸市など愛知県内各市の都市計画も策定した。

昭和八年、栄耀は都市計画愛知地方委員会から東京地方委員会へ異動になった。栄耀が名古屋を去る日、見送る人々で名古屋駅は埋め尽くされた。県庁、市役所の職員をはじめ、新聞社、商店、露天商、はては僧侶まで。「知事さんだって、こんなことはないがや」と見送りの人々は口々に話し合っていた。万歳の掛け声がこだまする中、窓から大きく上半身を突き出して応える栄耀を乗せ、汽車は走り出した。栄耀は後に、名古屋で過ごした十四年間を夢の中のようだったと回想している。しかし、東京で栄耀を待っていたのは、醒めた現実であった。栄耀はすぐに、もはや都市計画の啓蒙家ではなく、一介の小役人に過ぎないことを実感することになった。

栄耀が東京で就いたポストは、都市計画東京地方委員会で技術系のトップである主任技師（後に組織変更で第一技術部長）であった。

街路、河川、上下水道など土木全般の都市計画を所掌したが、組織の大きい東京では、名古屋のように自ら立案し計画案を策定することができず、淡々と日は過ぎていった。栄耀は東京へ異動する前に、内務省から満州国への異動の打診を受けたが、養父が反対したため断っていた。東京に着任してしばらくは、満洲に行かなかったことを悔やむ日々が続いた。

この時代、栄耀が注力したものに「東京緑地計画」がある。昭和七年に東京緑地計画協議会を設立し、約七年間の協議を経て昭和十四年に発表された。東京駅を中心とする五十キロメートル圏の外縁に三十万ヘクタールの環状緑地帯（グリーンベルト）を設置するという計画で、大半は実現しなかったが、今でも都立水元公園（葛飾区）や都立小金井公園などにその痕跡を見ることができる。

昭和十年、都市計画法改正により、都市計画の目的に「防空」が加えられることになり、それ以後、終戦までの十年間は「防空都市計画」の時代になった。空襲が始まると、工場を郊外に移転し、延焼防止や避難路を確保するため、沿道の家屋を撤去して幅員百メートルの道路を造った。しかし、米軍による圧倒的な物量の前には、ほとんど無力だった。栄耀の目白の自宅も空襲により焼失。実母の里うも、東京大空襲で亡くした。

昭和十八年、東京府と東京市が合併して東京都が発足。東京は実質的に国の直轄となった。栄耀は東京都計画局の技師になり、直後に道路課長に就き、翌年からは都市計画課長も兼務した。栄耀はこの頃から大学で授業を受け持つようになった。東京帝国大学第二工学部、東京美術学校、早稲田大学の非常勤講師を務め、都市計画を講義した。昭和二十年八月十日、東大に講義に行く途中で空襲に遭い、仕方なく役所へ帰ると、児玉次長に呼び出されこう告げられた。「すぐ復興計画にかかり給え。日本は負けたんだよ」。

こうして天皇陛下の玉音放送の五日前から復興計画の策定が始められた。実は復興計画の策定は、それ以前から極秘裏に進められていた。前年の十一月頃には素案が作られ、栄耀は既に元阪急電鉄社長の小林一三ら都市計画の重鎮たちに説明を終えていた。ただしこの案は、あくまで日本が勝つことを前提としたもので、凱旋広場や凱旋道路などが盛り込まれていた。このため敗戦を受け、案の修整が必要になった。東京の罹災面積は約一万六千ヘクタール、全国の罹災面積の約四分の一を占め、関東大震災の復興面積の五倍という広大なものであった。復興案の作成は栄耀が中心になって進められ、東京都は終戦からわずか二週間後の昭和二十年八月二十七日に「帝都再建方策」を、翌一月には、より詳細な「帝都復興計画要綱案」を発表した。そして三月には、都市計画東京地方委員会で「東京戦災復興計画」の説明が行われた。

この案では、将来の区部の人口を戦前の六百五十万人のほぼ半分の三百五十万人に抑え、四十キロメートル圏内に八王子や厚木などの衛星都市を、百キロメートル圏内に宇都宮や前橋などの外郭都市を配置し、これらに四百万人を収容するとした。街路は幹線街路として放射方向三十四路線、環状八路線を定め、幅員は四十～百メートルとした。他に補助線街路として百二十四路線を定めた。公園は二十三カ所で百三十六ヘクタール。緑地は区部面積の三分の一を確保。土地区画整理は、焼失面積を上回る約二万ヘクタールという壮大な計画であった。昭和二十三年、栄耀は建設局長に就任した。

しかし、計画は遅々として進まなかった。東京への人口流入を制限したにもかかわらず人口は増え続け、土地の取得は難航した。そして、計画遂行にとって致命的打撃となったのが、ハイパーインフレ対策として昭和二十四年三月に導入された、いわゆる「ドッジライン」と呼ばれる政府の超緊縮財政策であった。これにより、計画の大幅な縮減は避けられなくなった。区画整理は、まず震災復興区域が除かれ、その後も範囲はどんどん縮小され、最終的に新宿駅や渋谷駅など山手線駅周辺に限定された。それは、当初計画の面積のわずか六パーセントに過ぎなかった。街路計画も区画整理の後退に伴い、ほぼ白紙になった。これにはＧＨＱの「新しい道路は、一切まかりならぬ」という強硬姿勢も影響した。ＧＨＱは、極東の敗戦国に過分なものを与えるという気はさらさらなかった。そして、それは東京に対して顕著だった。

難題が持ち上がった。栄耀が戦前から力を注いでいた緑地事業が、ＧＨＱの目玉政策の農地解放と対峙することになったのである。緑地予定地として確保していた区画整理の保留地も、農地解放の対象とされた。これらの土地が農地として小作農家に割り振られれば、公園や緑地の用地を半永久的に失うことになる。栄耀らはこれに反対しGHQに申し入れるも、GHQや、小作農家とそれを支援する共産党、さらには保留地を提供した地主からも突き上げを受け、八方塞がりなった。栄耀の頭髪は短期間で白髪に変わり、担当する都市計画課長や公園課長なども次々に病に倒れた。栄耀は後に自らの人生を顧みて、この時期ほど厳しいことはなかったと述べている。

　GHQからの要求はさらに続いた。終戦時に東京の焼け跡には、トラック十六万台分と言われた大量のがれきが残されていた。本来は所有者の責において処分すべきものであったが、遅々として進まないことに業を煮やしたGHQは、これを都で処分するよう命じた。国からの補助もなく、都の予算も支出できない。処分先は運河が考えられたが、運河はその両側に緑地を配しリバーパークを計画していた。認めれば、これが覆ってしまう。石川栄耀は反対したが、安井誠一郎都知事から「GHQに逆らうことはできない」と叱責され、従わざるを得なかった。この工事費は、埋め立てた土地を売却することで充てた。こうして三十間堀川（さんじっけんほりかわ）や竜閑川（りゅうかんがわ）など、江戸以来の多くの運河が姿を消した。

　昭和二十四年八月四日、栄耀は都知事や警視総監と共にGHQに呼び出された。年度末までに露天商を道路上から撤去せよとの指示であった。この当時、東京には約一万四千軒の露店が存在していた。撤去するには露天商

暗渠化された渋谷川の上に造られた「のんべい横丁」

の転職先と代替地を確保しなければならない。栄耀は彼らの生活を思って反対したが、再び知事に釘を刺され従わざるを得なかった。この難題を処理する部署として、昭和二十五年二月に建設局内に臨時露店対策部が設置された。栄耀は自らこの部長を兼任し、貸付資金の斡旋や代替地の斡旋に奔走した。これに対して露天商らは、一万人を動員した反対決起集会を行うなど、猛烈な反対運動が展開された。栄耀は深夜にテキ屋に自宅を襲われたり、街中で暴漢に囲まれたりしたが、方針を変えることはなかった。代替地には、主に公園用地や道路用地、埋め立てられた運河などの土地が充てられた。それらの用地が失われていくことを目の当たりにして、栄耀はさぞかし無念であったと思う。このようにして造られ

上野公園の斜面に造られた「西郷会館」

た代替地には、渋谷駅前の地下街「しぶちか」、渋谷川の上に造られた「のんべい横丁」、上野公園の斜面に造られた「西郷会館」などがある。栄耀らの頑張りによって反対運動も下火になり、昭和二十六年十二月には、東京の道路上から露天商は姿を消したのである。

さて、栄耀の足跡として忘れてならないものに歌舞伎町がある。戦前、歌舞伎町は角筈（つのはず）一丁目北町会といい、府立第五女学校を中心に日用品を売る商店や住宅が軒を並べていた。空襲で焼け野原となり、再建は町会長の鈴木喜兵衛が中心となり「復興協力会」という組合を作り、区画整理で行われた。再建計画について、鈴木は東京都に相談。これに栄耀が応じ、自ら基本計画を作成した。計画の目玉に広場を据えた。若き日に欧米視察で見た広

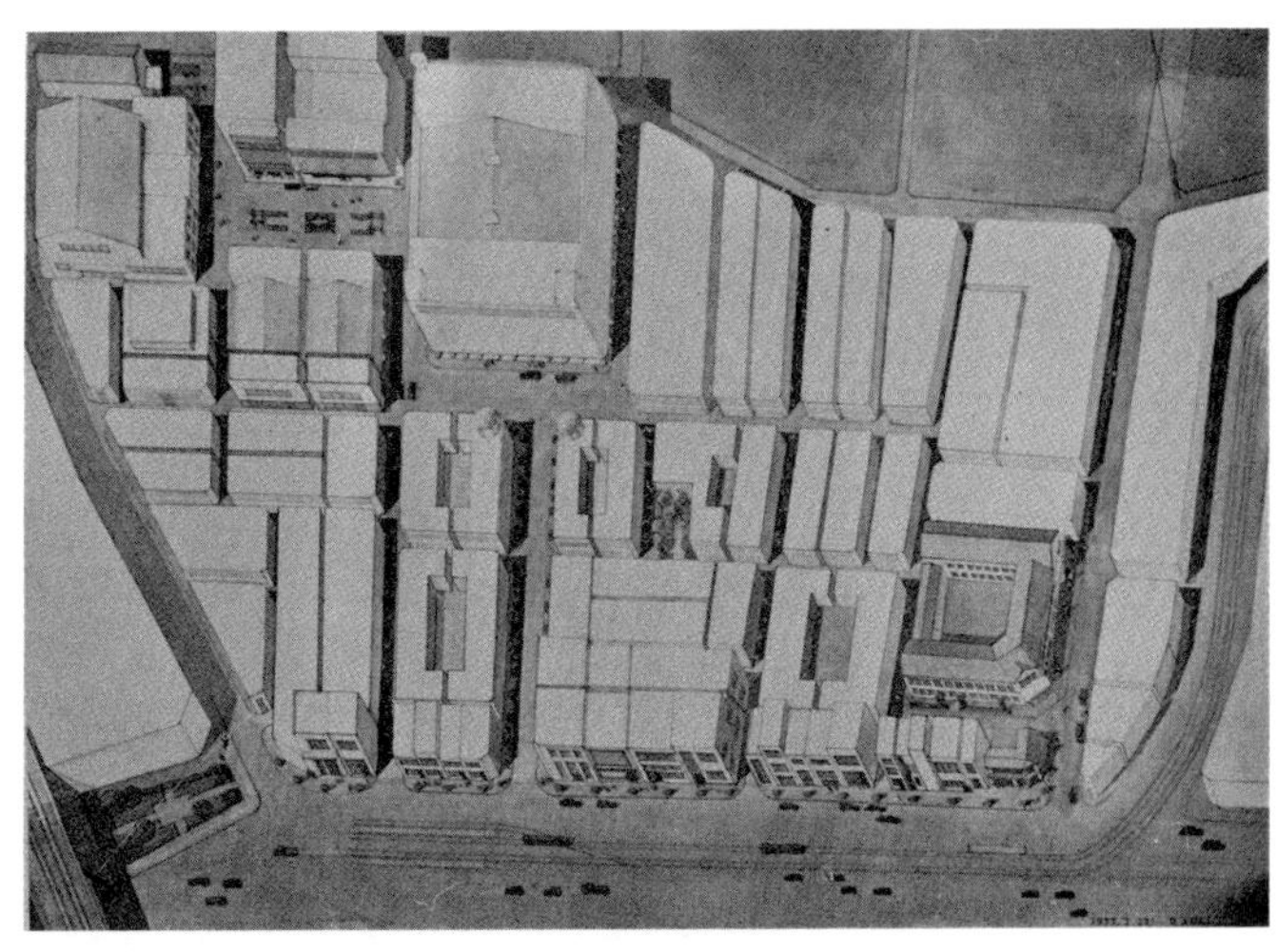

歌舞伎町区画整理計画図（左上に広場が見える）

場を中心に造られた街。それを実現させたのである。旧新宿コマ劇場の西側にある広場。かつては、真ん中に噴水のある池があり、早慶戦で早稲田が勝つと、酔った早稲田の学生がこの池に飛び込むというのがお決まりであった、あの池があった広場である。この広場の周囲に大劇場や映画館、ダンスホールなどを配置し、一大エンタメゾーンを造る構想を立てた。劇場の一つに歌舞伎の演舞場を招聘することを狙い、栄耀は町名を歌舞伎町と名付けた。招聘には失敗したが、その予定地にはコマ劇場が建ち、歌舞伎町は日本屈指の盛り場へと育っていった。ただし、栄耀は日本で一番「健全」な盛り場をつくると述べていたが、それとはいささか違うイメージになってしまったが。

歌舞伎町に設けられた広場（かつては中心に池があった）

　靖国通りから広場に行くには、メーン道路の歌舞伎町一番街を通り、折れ曲がりながら到達する。また地域内にはT字路も多い。栄耀は「盛り場は、真正面に見えない方がいい」が持論だった。この先に何があるのだろうという好奇心が歩を進め、街に賑わいを創ると考えたのだ。栄耀は酒をたしなまなかったが、戦前から長年、街のにぎわいの重要な要素として「盛り場研究」を続けてきた。歌舞伎町の都市計画は、その成果と言えるものであった。

　他にも、歌舞伎町と同じように広場を街の中心に据えた麻布十番、王子百貨店や映画館、劇場などを中心に据えた王子新天地（現王子一丁目）、不忍池の整備

麻布十番に設けられた広場（ヨーロッパの街を彷彿させる）

や文化会館をはじめとした上野公園と周辺地域など、栄耀の足跡は東京の至る所に残されている。

昭和二十六年九月。栄耀は建設局長を辞し、初代の東京都参与に就任。同年十月には早稲田大学教授にも就任した。この転職も内務省入省と同様に、東大の同窓生で当時、早大教授を務めていた青木楠男の仲介によるものであった。栄耀は以前にも増して精力的に、全国各地に都市計画の講演に出かけた。亡くなるまでの四年間で訪れた都市は百五十にも達した。栄耀の話は観衆を引き付け、行く先々で大盛況であった。

昭和三十年九月、講演先の石川県で体調を崩し、東京へ戻ったものの回復せず六日後に息を引き取った。栄耀が描いた東京、戦災復興の都市計画は、戦後の様々な社会状況やGHQの反対に遭い多くは実現することはなかった。

どしゃぶりの雨の中、青山霊園で行われた葬儀には二千人もの弔問客が列をなした。都知事、早大総長や都庁職員。そして多くは商店主や露天商などの一般の都民であった。これは一度会った者はファンになったという栄耀個人の魅力もあったであろう。しかし何より都民の生活を思い、人の温もりと活気にあふれ暮らしやすい街を造ってくれた、そして夢を与えてくれた栄耀に、多くの人が最後のお別れを、感謝を伝えたかったからだと思う。葬儀は、故人となじみの五代目柳家小さんが落語『粗忽(そこつ)長屋』を演じてお開きとなる破天荒。涙あり笑いありの、いかにも栄耀らしいお別れであった。稀代の都市計画家石川栄耀、六十二歳の人生であった。

水道

1

古城の橋

中島鋭治◉なかじま・えいじ

明治以降、東京のインフラ整備はわが国をリードしてきた。それらは、卓越した技術者たちの指導のもと成し遂げられた。橋は樺島正義や田中豊、都市計画は石川栄耀、港湾事業は直木倫太郎、震災復興は太田圓三。いずれもその分野における巨星たちである。それらの中にあっても全国に最も影響を与え、各地に多くの足跡を残した技術者がいる。水道の中島鋭治である。

中島は幕末の安政五（一八五八）年に仙台で生まれた。明治十六年に東京大学土木工学科を首席で卒業し、ただちに助教授に就任。

明治十九年に米国留学、次いで欧州に転学した。しかし明治二十三年に留学の途

中島鋭治

駒沢配水塔（世田谷区）

中で、東京市水道改良事業のために呼び戻され、内務省技師と兼務し東京市水道技師を命ぜられた。当時の東京の水道は、依然として江戸時代に建設された玉川上水に頼っており、施設の老朽化が進み、コレラも発生するなど、新政府と東京市にとって、施設を近代化し衛生状態を高めることは喫緊の課題であった。状況は、留学途中の中島を呼び戻すほど切迫していたのである。

東京水道の近代化計画は、当初、お雇い外国人の英国人パーマーやバルトンが作成したが、中島は帰国後これを全面的に見直し、淀橋（現在の西新宿）に浄水場を建設、芝とお茶ノ水に配水施設を造る計画へと変更した。これらの施設は戦後まで生き続け、東京の水道の根幹をなした。また、水道だけではなく、下水道計画も中島によって立案された。そして、明治三十一年には東京市技師長に就任し、東京市の土木事業全般を所掌することになった。

さらに中島は行政だけではなく、教育にも大きな足跡を残した。明治二十九年に東京市に籍をおいたまま、バルトンの跡を継いで東京帝国大学工科大学教授に就任し、衛生工学などを担当。以後、大正十年までの二十五年間に渡って教授を務め、多くの土木技術者を育てた。中島が教授に就任したことで、東大の土木工学科では、明治も後期になり、ようやく日本語での授業が行われるようになったのである。

中島の活躍の場は、東京だけにとどまらなかった。中島が指導した上水道は、名古屋市、仙台市、津市、長崎市など、朝鮮も含めれば四十四施設にも及ぶ。また下水道も、東京や名古屋市など十七施設に及ぶ。他にも、内務省技師として、戦前の全国のほとんどの水道施設の許認可に関係した。わが国の上水道、下水道は中島が築いたと言っても過言ではない。

さて、二十三区内の水道は全て東京都（市）水道局が整備したと思われている方が多いと思う。しかし、水道局が整備したのは、都心部とその周辺にしか過ぎない。他の地域は、東京南西部は渋谷町水道、北西部は荒玉水道町村組合、東部は江戸川上水町村組合などによって整備された。中島はこれらの水道建設の指導も行った。

中島は大正十四年に六十八歳の生涯を閉じ

駒沢配水塔の管理橋　トレッスル橋脚（鉄骨で組まれた橋脚）は大変珍しい

るが、遺作になったのがそのうちの一つ、渋谷町水道である。渋谷は、今では東京を代表する繁華街であるが、当時は東京市外の南豊島郡の一町にすぎなかった。しかし、鉄道の整備が進むと人口が急増し、飲料水の確保が急務となった。そこで、多摩川から取水し、渋谷まで水道を敷設する計画を立てる。多摩川べりの砧にポンプ所を設け、ポンプアップして駒沢に設けた配水塔に送り、ここから自然流下で渋谷まで送るというもので、対象人口十五万人という東京市水道に次ぐ大規模な水道計画であった。

以前、駒沢の配水塔を見学したことがある。施設正面の鉄扉を入ると、外の喧騒をも打ち消すような重厚な二つの配水塔が現れる。直径十四メートル、高さ二十三メートルの鉄筋コンクリート造りの円筒型の塔は、当時、世界でも最先端の水道施設であったという。大きさや構造もさることながら、そのデザインの素晴らしさに圧倒される。表面はコンクリートの打ちっぱなしだが、屋上の周囲を王冠のようなアールデコの装飾が飾り、頂部には球が掲げられ、全体のデザインは古典主義でヨーロッパの古城を思わせる。単に配水塔や水道施設という範疇に限らず、土木、建築という枠をも超えて、国内屈指の建造物だと思う。さらに、注目に値するのが二つの塔の間に渡された鉄橋だ。橋は、トラス橋と鉄骨で組まれた橋脚（トレッスル橋脚）という国内唯一の珍しい構造である。重厚な塔と繊細な連絡橋、互いが互いを引き立てるウインウインのデザインだ。ところで、中島は水道施設に、なぜ、このような珍しい構造の橋を架けたのだろうか。

これには、中島の土木技術者としてのルーツが影響していると思う。東大卒業直後に助教授に就いた際、中島の専門は橋梁工学であった。米国への留学も当初は水道ではなく、米国に帰国した恩師のワデル（橋梁工学）の後を追って東大を辞任して私費で渡航し、彼の橋梁設計事務所で働くためであった。ワデルは、そんな中島を設計だけではなく、現場の経験も積ませるために水道建設工事に派遣した。これが、中島と水道の出会いであったが、決してベストマッチというわけにはいかなかった。中島はなじめず、早く戻して欲しいと懇願。それに対し辛抱するよう諭すワデルの書簡が残されている。

ところがこれ以降、中島の勉学は水道に割かれることになる。当時の日本が最も欲していた土木技術は水道であった。このため、水道での留学であれば公費が得られた。また、東京府知事が兼任する水道敷設委員長には、中島と同郷で後見役の富田鉄之助が就いていた。中島がこののち水道へと導かれたのは、運命だったのかも知れない。明治という時代は、優れた頭脳を己の望む方向へ進むことを許容するだけの寛容さを持ち合わせてはいなかった。

　中島は、駒沢配水塔以外にも、小樽市の奥沢水源地や津市の片田貯水池、国の重要文化財に指定されている秋田市の藤倉ダムなどに多くの橋を残した。それら

小樽市の奥沢水源地管理橋

秋田市の藤倉ダム管理橋

津市の片田貯水池管理橋

の多くは管理上、一般の人は立ち入れず、静寂さの中にある。中島は、そこに一つの橋を配することで、美しい一幅の絵を創り出した。橋があるがゆえに静寂さは極まり、沈み込むような美しさを秘めている。私には、それらはまるで青春の思いを遂げられなかった中島が、自らの青春に向けて書いた一編の鎮魂歌（レクイエム）のように思えてならない。

2 水到りて渠(みぞ)を成す

小野基樹◉おの・もとき

埼玉県所沢市にある山口貯水池（狭山湖）は、東京都水道局が管理する貯水池の一つである。鏡のような湖面には、周囲の緑陰が映り込み、その中にとんがり屋根の可愛い取水塔が一つ。まるで、絵本に出てくるようなメルヘンの世界に誘われる。取水塔と岸の間には、ちょうど良いサイズの吊り橋が架けられている。橋脚はレンガ造り、その上には半円球の支承(ししょう)が載り、鋼鉄製の主塔を支える。主塔から張られたケーブルは、優しい曲線を描き橋桁をつる。取水塔と吊り橋が織りなすこの景観は、国内の土木構造物の中で最も美しいものだと思う。

現在の山口貯水池は、各地の水源地と同様にセキュリティー上、人の立ち入りは厳しく制限されているが、建設当時は隣接する村山貯水池と並び、湖や緑地からなる文化的香り満載の一大レクリエーションゾーンであった。

山口貯水池取水塔管理橋（埼玉県所沢市）

この美しい吊り橋は、そのシンボルであった。

東京市の近代水道は、明治十八年にコレラが流行したことで水道の安全性を求める世論が高まり、お雇い外国人のバルトンらにより計画された。この計画は、その後に東京市技師の中島鋭治を中心に見直され、新宿の淀橋に浄水場を、芝と本郷に給水場を設けることで建設が進められた。明治四十四年に一応の完成を見たが、増大する水需要に対応できず、再び中島を中心に給水検討が進められた。翌年、羽村で多摩川から取水して地下で送水し、東大和に貯水池（村山上貯水池）を、武蔵境に浄水場を、和田堀に浄水池を建設することを決定した。大正二年に事業に着手し、大正十三年に完成。これを第一次水道拡張事業と呼んだ。

村山下貯水池（東大和市）

しかし、それでも東京の水需要を満たすとは言えず、間を置かずに村山下貯水池の建設が始まり、さらに山口貯水池の建設も追加決定した。二つの建設を主導したのは、水道局拡張課長の小野基樹であった。小野は明治十九年に北海道函館市に生まれ、中学は東京の府立第三中学校（現両国高校）に学び、明治四十三年に京都帝国大学土木工学科を卒業した。大きな土木事業をやるには大都市に限ると、東京市への就職を希望したが、京都御所の防火水道敷設を急ぐ宮内省から、京大に卒業生の斡旋が舞い込み、一転して宮内

小野基樹

省に就職することになった。小野は蹴上浄水場から御所へ導水する防火水道の敷設を、わずか一年という短期間で完了させた。これが小野が生涯を通じて関わることになる水道との出会いであった。

明治四十五年四月、一年間の兵役を経て、小野は念願かなって東京市へ就職し水道課に配属された。同年十月、東京市は水道課内に水道拡張準備掛を設置した。この時の掛員は五人、小野はその一人として名を連ねた。水道拡張事業の当初から参加することになったのである。大正八年、小野は内務省から要請を受け、函館市の水道拡張工事に所長として派遣された。ここで笹流ダムをバットレスダムで建設した。バットレスダムとは水圧を受けるコンクリートの止水壁を、壁に垂直に設置した鉄筋コンクリートの壁（バットレス）で支える構造で、コンクリートの使用量を大幅に削減できる。コンクリートが高価であったこの時代に適したダム構造で、これが日本初の施工事例となった。工事は大正十二年に無事完了し、函館市は報奨として小野に二万円（現在の価値で約一千万円）を支払った。

小野は完成直後に帰京したものの、関東大震災の影響で東京市の水道拡張事業は休止していた。このため、函館市から得た報奨金を元手に欧米の水道施設の視察を計画。このことが後藤新平の耳に入り、小野は欧米の水道の耐震状況調査を命じられることになった。後藤に命じられたイタリアや米国サンフランシスコの水道の耐震対策をはじめ、米国の巨大ダム建設やメンテナンスなど、これらの調

小河内ダム起工式での小野基樹

査は小野の後半生に大いに活かされることになった。一年間の外遊の後、東京市に復帰。昭和三年に拡張課長に就任し、前述した村山下貯水池と山口貯水池の建設を推進した。両貯水池とも、国内には数少ない本格的なアースダムであった。

東京の水道の歴史は、常に水需要との追いかけっこであった。都市の発展に伴う旺盛な需要に追われ、次から次へと新たな水源を確保する必要があった。小野も前記の二つの貯水池を造りながら、それまでの水道施設と比べ桁外れに大きく、後に第二次水道拡張事業の柱となる小河内（おごうち）ダムの計画に着手した。ダムの高さは百五十メートル、当時、日本最大のダムの約二倍という巨大ダムであり、米国のフーバーダムに次ぐ世界第二位の規模であった。そのため、国内のダムや水道に携わる技術者の多くは、実現性を疑問視した。しかし小野は拡張課長として、また昭和十一年からは新設された小河内貯水池建設事務所長として、計画策定の陣頭指揮にあたった。

公共事業では、少なからず反対はつきものである。私も道路事業の説明会に何回か事業者側として参加したが、住民に百パーセントウエルカムで迎えられたことはない。その中でも小河内ダム建設に対する反対運動は、東京が経験した最大のものだった。第一回芥川賞を受賞した石川達三の小説に、昭和十二年に発表された『日蔭（ひかげ）の村』がある。小河内ダム建設で翻弄された旧小河内村の住民を描いた作品で、小野基樹はこの小説に東京市水道局課長大野基寿として登場する。

小河内ダムの建設に伴い、一村が丸々水没し、その補償軒数は九百四十五世帯にも及んだ。当初、村民の多くは反対したが、世論に抗いきれずに次第に容認論が多数を占めるようになった。しかし、水利権を持つ下流の川崎市の農民たちが事業に反対し、村の買収交渉は四年間中断。棚ざらしにされた村民の中には代替地を買ったものの、補償金が得られず多額の借金を抱える者や、ブローカーに土地をだまし取られる者などが続発し、村は荒廃していった。昭和十一年、これに業を煮やした小河内村などの住民千人はバスに分乗し、陳情のため東京市議会を目指した。これを阻止しようとした警察は、奥多摩町の氷川大橋で待機。両者は衝突し、ついに流血事件に発展した。この事件は「小河内騒動」と呼ばれ

完成直後の小河内ダム（奥多摩町）

た。小野は、自伝の中でもこの騒動についてはは多くを語ろうとはせず、ただ『日蔭の村』に詳しいとのみ記している。しかし、これを機に村民への補償交渉は再開され、小野は東奔西走して村から合意を得て、昭和十三年に工事に着手した。工事は太平洋戦争の激化により昭和十八年に中断になったが、堰堤のコンクリート打設を残す段までこぎつけた。

小野が最後に完成させた土木工事は、小河内ダムの関連工事として施行した青梅街道などに架かる桧村（ひむら）橋、境橋、中山橋の新設工事であった。小野は渓谷に描くアーチの美しさや、百メートル近い大規模な橋梁という構造性などを考慮し、三橋の構造形式を鋼鉄製のブレーストスパンドレルアーチ橋と定めた。この条件の基に、三橋の詳細設計を日本を代表する橋梁技術者三人にそれぞれ一橋ずつ委託した。元東京市橋梁課長の樺島正義、戦前に国内で最も

中山橋（奥多摩町）

多くの橋を設計した増田淳、元復興局橋梁課長の成瀬勝武。完成写真や図面を見ると、三者三様の工夫が施されている。さすが当代一流の橋梁技術者たちである。

そのうち二橋は残念ながら昭和五十年代に架け替えられたが、中山橋は現存している。この中山橋は青梅街道からダム下に通じる脇道に架かるため、あまり知られていない。しかし、完成直後に土木雑誌に掲載され、設計者の成瀬が自画自賛したように、今見ても構造、デザインのいずれもが素晴らしい、わが国の鋼アーチ橋を代表する一橋だと思う。もし三橋そろって残っていたなら、さぞかし壮観な眺めだったことであろう。

翻ってみると、小野が残した土木構造物は、いずれも当代一流のものであった。本格的ア

境橋（撤去　奥多摩町）

桧村橋（撤去　奥多摩町）

ースダム、国内で最も美しい取水塔と橋。国内初のバットレスダム、世界第二位のダム、そして国内屈指のアーチ橋群。いつも新しい技術、最高の技術を求め、全力投球をしていたかのようである。中島鋭治によって始められた東京の近代水道は、小野が主導した拡張事業を経て大きく姿を変える。村山、山口の両貯水池、小河内ダム。これらが現在でも東京水道の根幹をなしていることに異を挟む者はいないであろう。新しい技術を追い求め、それを具現化したがゆえに、今も色あせない水道施設を造り上げたのである。

　小野は、技術の探求には貪欲であったが、一方、それ以外には控えめな性格であったという。京都帝国大学時代の恩師で、水道界の大御所でもあった大井清一教授は、自らの後継者として小野を指名したが、拡張事業に専念する旨、断りを入れた。昇進にも固執せず、昭和十七年に小河内貯水池建設事務所長兼任のまま水道局長に就任した時には、定年までわずか十カ月しか残されていなかった。昭和十八年、定年退職。その直後に東京市と東京府が合併して東京都が発足した。小野は東京市最後の水道局長となった。水道拡張事業一筋に捧げた役人人生であった。

　小野の米寿を祝い、友人や後輩らによりまとめられた自伝がある。表題は『水到渠成』。水到りて渠(みぞ)をなすと読む。水が流れると、土が削られて自然に溝ができるように、学問が身に付けば、それに伴って徳も自然に身に備わるという意味だという。生業である「水」にひっかけ、土木技術を極めて多くの後輩に慕われた、いかにも小野基樹の自伝の表題にふさわしい言葉だと思う。

3 橋も水道も極めた技術者

徳善義光◉とくぜん・よしみつ

徳善義光

「本橋は帝都の商業中心地京橋区と東京港埋立地とを直結するもの、即ち築地から川向こうの月島へ架ける橋梁である…」、昭和十四年七月、ラジオから名調子の説明が流れてきた。勝鬨（かちどき）橋の試験開橋を伝える中継であった。テレビもネットもない昭和の初めにあって、ラジオは最新かつ最大のメディアであった。声の主は東京市河川課橋梁工事掛長の徳善義光。東京市が整備を進める勝鬨橋の主任監督員であった。

「徳善義光」まるで源平の世の武士のような名前である。徳善は、現在は徳島県三好市に含まれる「かずら橋」で有名な祖谷渓（いやけい）の徳善村に生まれた。祖谷渓は四国随一の秘境で、源平合戦に敗れた平家が隠れ住んだという落人部落との言い伝えがある。武士のような名前というのも、あながち的を外れていないのかも知れない。しかし実際の徳善は、人望が厚い温厚なクリスチャンだったという。

徳善は、大正十二年に京都帝国大学土木工学科を卒業して、東京市橋梁課に奉職した。当時の橋梁課の技術陣は、設計掛長の谷井陽之助がトップで、その下に小池啓吉技師や、前年に市役所に入った滝尾達也技師らがいた。その年の九月、関東大震災が発生し、多くの橋が被災。徳善はさながら入隊してすぐに最前線に放り出された初年兵のようであった。

一年先輩の滝尾は、震災復興で主に両国橋などの隅田川に架かる大型橋梁を担当。一方、徳善は、主に運河に架かる短い橋を担当した。

しかし、ここで徳善が設計した橋には、実に個性的な構造の橋が多い。日本橋川に架かる三連の鉄筋コンクリートアーチ橋の湊橋。既に撤去されたが、築地市場の入口に架けられていた日本初のランガー橋の海幸橋（かいこうばし）。東京初の中路式アーチ橋の稲荷橋。まるで最新の橋梁設計を楽しむかのようなラインアップである。長大橋の滝尾、個性的な構造の徳善。若い二人の技術者は震災復興を通して、東京市橋梁課の二枚看板になった。

東京市内の震災復興は、国の組織の復興局と東京市に分担して行われた。両者に共通して取られた構造の基本方針がある。震災以前、東京市内に架かる鉄橋の大半はトラス橋であった。これは、トラス橋は使用する鉄の量が少なくて済むため、鉄が高価であった明治時代には率先して用いられたためである。しかし耐久性に劣り空襲にも脆弱とされ、震災復興では永代橋の重厚なアーチや言問橋の橋桁に見られるように鈑構造が多く用いられた。詳細構造でいえば、鋼鈑桁橋や鋼ラーメン橋などが設計のトレンドになった。東京市にお

開通直後の湊橋（中央区）

海幸橋（撤去　中央区）

開通直後の稲荷橋（撤去　中央区）

いて、この構造を理論面でリードしたのが徳善であった。徳善は土木雑誌に『市街橋としての鋼鈑桁橋』や『市街橋としての鋼鈑框橋（ラーメン）』などの論文を発表。さらに、昭和十六年にはこれらに加筆し『橋梁工学』という専門書を執筆した。わが国の橋梁構造は、震災復興を境として現在まで鈑桁橋が主流をなしている。その潮流を作った一人が徳善だった。

震災復興事業が一段落すると、需要を失った橋梁事業は大幅に縮小された。橋梁課は廃止され河川課に統合。徳善は河川課工事掛長に就任し、勝鬨橋の工事責任者となった。徳善にとってそのひのき舞台が、前述したラジオ放送だった。この放送の翌年、昭和十五年六月に勝鬨橋は開通した。しかし翌月、徳善は水道局拡張課長へと異動になった。

そして昭和十六年給水課長、昭和十八年工事課長に異動。時代は太平洋戦争末期、東京の水がめである村山貯水池や山口貯水池が米軍空爆の標的にされた。徳善は空襲対策に取り組むことになった。両貯水池の堰堤は、土盛り構造のため空爆には脆弱であった。そこで徳善は、陸軍の技術将校から爆弾力学や耐弾施設の設計について直接指導を受け、堰堤を厚さ二・五メートルの玉石コンクリートで覆う耐弾層を設置した。さらに堰堤は、上空から目立たぬようタールを塗り迷彩を施した。これらの対策が功を奏し、貯水池は昭和二十年四～六月にかけて五回の空爆を受けたものの終戦まで耐え抜いた。

昭和二十年終戦を迎えたものの、度重なる

村山下貯水池の堰堤の親柱　（白い箇所の高さまで玉石が積まれ耐弾層が設けられた。上部が黒いのは、地上に出ていたため目立たぬようにタールが塗られたため）

空爆により多くの水道管が破損し、給水の八割が漏水するという有様であった。徳善はその復旧に奔走した。

昭和二十四年水道局長に就任。戦争で中断していた小河内ダムの工事は前年に再開し、ダム本体の堰堤工事に着手していた。これに伴い、青梅街道の東西十キロメートルにわたるかさ上げ工事も本格化した。この区間には峰谷橋（みねだにばし）など五橋の架設が計画されていた。これらの計画は、水道局から日本大学教授の成瀬勝武に委託された。成瀬は復興局橋梁課で技師や課長を務め江戸橋や聖橋などを設計し、震災復興後は一時期、東京市橋梁課嘱託の任にあった。徳善とは旧知の間柄であった。

五橋の構造は、峰谷橋は中路式ブレストリブアーチ橋、麦山橋は三日月アーチ橋、坪沢（つぼさわ）

峰谷橋（奥多摩町）

橋はマイヤール型鉄筋コンクリートアーチ橋、鴨沢橋は溶接を多用したソリッドリブ中路式アーチ橋、深山橋はランガー橋に決定した。

そして橋の実施設計は、鴨沢(かもさわ)橋と深山(みやま)橋の二橋は成瀬が、残りの三橋は東京市橋梁課で徳善と机を並べ、この当時、早稲田大学土木工学科で製図の教鞭をとっていた本間左門が担った。徳善、成瀬、本間と若き日に震災復興で腕を競い合った技術者たちにより奥多摩湖の橋は築かれたのである。これらの五橋は全て違う構造。しかも、国内初とか同形式の中では国内最大とかの冠が付く意欲的なラインアップ。それらはまるで技術者として最も脂が乗った時期を戦争で奪われた彼らにとって「橋への想い」が爆発した記念碑のようであった。

多摩水道橋開通式（撤去　狛江市・川崎市）

徳善は昭和三十年に定年退職を迎えた。局長在職は六年間に及んだ。この間、小河内ダムの建設の他に長年懸案であった相模川水系からの分水協定を神奈川県と締結したのをはじめ、戦前からの悲願であった利根川からの分水も協議を開始するなど多くの功績を残した。四十歳という中途からの水道人生であったが、全国の歴代の優れた水道技術者について著された『近代水道百人』にも、中島鋭治や小野基樹と並んで名前を刻んでいる。東京の橋と水道両方の事業に深く名を刻んだ技術者となった。

徳善の経歴を追っていて腑に落ちない点があった。昭和十五年の橋梁から水道への異動である。それまでの徳善といえば、東京市に奉職して以来二十年間、橋梁一筋。全国にもその名声は鳴り響いていた。今なら他局への人事異動はとりたてて珍しいことではないが、当時は大変なレアケースであった。橋梁の二枚看板のもう一人の滝尾とは、わずか一歳違い。二人の優秀な技術者を仕事が減った橋梁事業に縛り付けていることは、市として看過できないことだったのであろう。滝尾は東大卒、震災復興では両国橋など長大橋を設計。そして勝鬨橋の主任設計者と東京の橋梁事業の王道を歩んでいた。もし滝尾と年齢が二～三歳離れていたら、徳善の後半生のキャリアは違うものになっていたに違いない。

さて相模川水系の分水事業では、相模川の水を都内に導水するため、昭和二十八年に多摩川を横断して多摩水道橋を架けた。この橋は橋長三百五十五メートルの自動車と水道の併用橋。トラス橋の上部を世田谷通りが供用し、トラス橋の内部には直径五メートルの導水管を抱いていた。幹線道路の世田谷通りが通るこのような長大橋であれば、通常、橋の建設部署を持つ建設局が担当する。しかし、この橋を架けたのは水道局であった。

この時の建設局長は、かつて東京の橋梁事業を徳善と支えた滝尾達也。徳善が関係する橋では生涯最長で、おそらく最後の橋の仕事になるであろうことを思いばかり、「徳善さんならば」とあうんの呼吸で譲ったのではないだろうか、と私は推測している。

第3章

鉄道

1 ガード下から

岡田竹五郎◉おかだ・たけごろう

都庁が有楽町から新宿に移転して早いもので三十年が経つ。今では、有楽町時代を知る都職員もほとんどいなくなった。当時、昼食やアフターファイブに繰り出すのは、有楽町の高架下と相場は決まっていた。東京駅から新橋駅まではJRのレンガアーチ橋が連続し、その高架下は通称「ガード下」と呼ばれ、多くの飲食店が軒を並べていた。

ところでこのガードとは、英語の「ガーダー」がなまったものである。日本語では「桁橋」と訳される。高速道路などでよく見られる橋桁を渡した単純な構造の橋である。有楽町でも道路をまたぐ箇所はレンガアーチ橋ではなく、鉄製の桁橋（ガーダー）が架けられている。そこからガードと呼ばれるようになった。つまり、飲食店が入るスペースは正確にはガード下ではなく、アーチ下と呼ぶべきであったのかもしれない。

有楽町のJRのレンガアーチ橋（新永間高架橋　千代田区）

　現在、道路上に橋や歩道橋を架ける場合、自動車が安全に通れるよう、一定の高さを確保しなければならない。日本国内では、車両制限令で一般的に三・八メートルと定められている。これも有楽町のガードが起源となった。儀典の際に天皇陛下の御馬車に随走する儀仗兵（ぎじょうへい）は旗のついた槍を垂直に立てたが、これに支障とならない高さが三・八メートルだったからである。もし有楽町が皇居の近くでなかったら、車両制限令の数字は違うものになっていたかもしれない。

　さて、ドイツのベルリンを訪れた方なら、ベルリン市内の鉄道高架橋が有楽町付近とそっくりであることに驚かれた方も多いのではないだろうか。実は有楽町付近の高架橋は、ベルリンがモデルなのである。有楽町付近に

鉄製の桁橋と橋脚　上空に架かる桁橋がガードのいわれになった。
（鉄柱上部のギリシャ風の飾りにも注目）

儀仗兵の持つ旗がガードの高さの基準になった

限らず、東京の鉄道のネットワーク自体がベルリンを手本にした。欧米の大都市の多くでは、鉄道の駅は方面別に起点が分かれた頭端駅である。頭端駅は折り返し設備も必要であるし、運行間隔も短くできないし、なにより乗り継ぎが不便である。それに対し、欧州でも鉄道後発組であったドイツは、これらの欠点を補うべく、ベルリン市内に環状線を設け、主要駅では折り返しを設けないスルー駅構造にした。そこで、日本はこれに学ぶため、それ以前の英国や米国からではなく、ドイツから鉄道技術者を招くようになった。

まず、東京の鉄道網のグランドデザインを描いたのがルムシュテルである。ルムシュテルはベルリン市街鉄道建設に九年間従事した後、明治二十年に九州鉄道の顧問として来日。

明治二十七年に離日するまで、政府の鉄道顧問などを勤めた。明治中期の東京では、東海道線は新橋駅、東北線は上野駅、中央線は飯田橋駅、総武線は錦糸町駅を起点とする頭端駅が林立し、これらの駅間は相互連絡もなく鉄道網は分断されていた。彼はそれを現在のように接続し、しかも高架で建設することを提案し、東京市の都市計画である市区改正に盛り込ませた。平成二十七年に東海道線と東北線などが一気通貫する上野東京ラインが開通した。これにより東京駅や上野駅では折り返し設備が不要になり、運行本数も増便された。これもルムシュテルが提案していたことで、約百二十年を経て、ようやく彼の計画が完結したことになる。

岡田竹五郎

東京市街の鉄道の高架橋の中でも要になったのが、新橋駅から上野駅間であった。このうち、新橋駅から東京駅間が先行し、明治三十三年からJRの前身である逓信省により工事が進められた。設計の指導にあたったのが明治三十一年に来日したバルツァーである。この区間では、ほとんど彼の提案どおりに建設されたが、唯一異なったのは東京駅であった。彼は親日家で、滞日した五年間に寺院と茶室建築に関する書籍を二冊まとめるほど日本文化を愛し、首都東京の中央駅は、日本文化を象徴する純和風の建築こそが相応しいと考えていた。しかし日本政府は、欧米の大都

岡田竹五郎が倉田吉嗣と設計した厩橋（台東区・墨田区）

市と肩を並べるには、欧米風のデザインにすべきと考え、辰野金吾に設計を依頼。現在のようなルネッサンス風の駅舎が造られた。

新橋駅から東京駅間の工事にあたったのは、現在のＪＲ東京工事事務所の前身にあたる新永間建設事務所であった。事務所長は岡田竹五郎。岡田は慶応三（一八六七）年、東京生まれ、明治二十三年に帝国大学工科大学土木工学科を出て内務省に入り東京府に配属。明治二十六年に東京府技師の倉田吉嗣と共同で、隅田川で二番目となる鉄橋の厩橋を設計した。その後、埼玉県を経て明治三十年に逓信省に異動した。岡田は大正四年までの十八年間を、新永間建設事務所及びその後継組織の東京改良工事事務所長として歩む。この間、建設に携わったのは、新橋駅から東京駅、上野駅か

完成当時の有楽町のレンガアーチ橋（手前の水面は、戦後埋め立てられ西銀座デパートなどに姿を変えた外濠）

ら東京駅、御茶ノ水駅から神田駅など多数に及ぶ。現在の都心のＪＲの路線は、岡田によって築かれたと言っても過言ではない。

　ところで、設計を指導したバルツァーは、レンガアーチ橋の構造を心配していたと言われている。それは、当該地区の地盤が軟弱で、特に大地震に耐えられるかと危惧していたためである。しかし、関東大震災でも東日本大震災でも被害はなかった。それは、岡田らが松杭の産地にまでこだわり、レンガの選別を厳しく行うなど、施工管理を厳格に行った賜物だったと言える。

　また、彼らが注力したのは、前述したハード面だけではない。道路をまたぐガードには、橋桁を支えるために鉄製の橋脚が設置されているが、この上端にはギリシャ風の飾りを施

ベルリン市内の鉄道高架橋

した。その後、昭和に増設された橋脚に飾りはなく、現代でもこのように細かい箇所のデザインまで気を使うことはない。日本初の本格的な高架橋の建設であり、帝都に新たな交通を、そして帝都に相応しい景観を創出するという彼らの熱い思いが伝わってくるような設計である。

時には有楽町のガード下で、レンガアーチ橋や橋脚を眺めつつ、にわか鉄オタになって一献を傾けるのもいいのではないだろうか。その時、現代のインフラを造る私たちにとって、何が欠けているのか見えてくるような気がする。

2 鉄道院の紋章

阿部美樹志◉あべ・みきし

私の実家は八王子の寝具店で、両親、祖父母、私と弟の三世代が同居していた。私はおばあちゃん子で、小さい頃はどこに行くにも一緒だった。その中でも楽しみだったのが、祖母と行く日本橋や新宿のデパートであった。「あっちゃん、省線に乗って東京行こうか」、こう切り出されると小躍りして喜んだ。「省線」は中央線が正式名であることは小学校高学年になってから、そしてかつてあった鉄道省から来ていることは高校生になってから知った。鉄道省は、大正九年から昭和十八年までであったJRの前身である。戦時中、出征した祖父に代わり、週一回、省線に乗り日本橋に仕入れに出かけていた祖母にとって、国鉄という響きより馴染み深かったのであろう。

JRは明治五年の汽笛一斉から現在まで、たびたび名称を変えてきた。この本でも鉄道省や逓信省など、様々な名称で登場する。明

外濠橋梁（千代田区・中央区）

外濠橋梁に付けられた鉄道院の紋章（大正７年は外濠橋梁の完成年）

治五年に工部省鉄道寮でスタートし、逓信省や内閣の直轄を経て、明治四十一年鉄道院、大正九年鉄道省、昭和十八年運輸通信省、昭和二十四年国鉄、昭和六十二年ＪＲと変遷した。その中でも大きく組織を変えたのが、明治四十一年の鉄道院の設立であった。これには、明治三十九年の鉄道国有化が影響した。それ以前は、国内の鉄道の大半は私鉄で、東京でも山手線も中央線も東北線もそうであった。この国有化により組織が肥大化したことで、一元的に監理する組織が必要になった。これを提唱して鉄道院を興し、初代総裁に就いたのが後藤新平であった。後藤は後年、関東大震災の帝都復興院の総裁に就くが、組織の中枢は、後に新幹線産みの親と言われた十河信二をはじめとする鉄道省出身者が占めた。それは、この鉄道院時代に築かれた人脈によるものであった。

後藤は鉄道院の紋章も定めた。これを今でも見られる場所がある。JR中央本線が日本橋川をまたいで架かる外濠橋梁である。橋の構造は鉄骨コンクリートアーチ橋で、橋の側面には一面に花崗岩が貼られ、そのアーチの頂部に鉄道院の紋章が刻まれている。

この橋は大正七年に架橋され、アーチ支間長は三十八・一メートル、当時、コンクリートアーチ橋で国内最長を誇った。設計者は鉄道院の阿部美樹志。阿部は明治十六年、岩手県一関市生まれ。明治三十八年に札幌農学校土木工学科を首席で卒業し、逓信省鉄道作業局へ入った。そして明治四十四年に米国のイリノイ州立大学に留学。ここで鉄筋コンクリート工学の世界的権威であるタルボット博士に師事し、大正三年に博士号の学位を得た。同大学における鉄筋コンクリート工学で初の学位授与者であった。同年に帰国し、外濠橋梁を設計。橋は鉄道橋には珍しく、四隅に十メートルに達する巨大な親柱が設けられた。

なおこの親柱は、二十年ほど前に東京駅の中央本線の軌道改良に伴い撤去された。

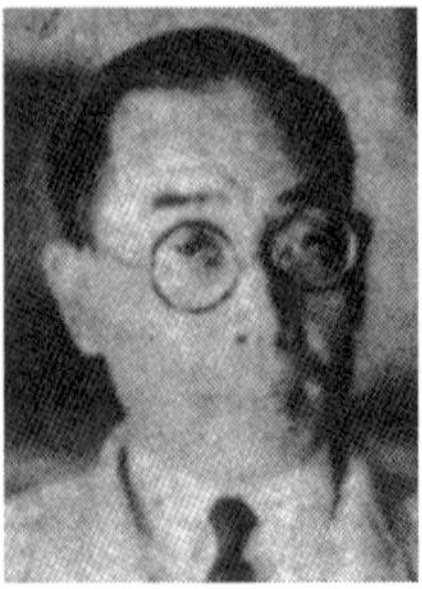

阿部美樹志

開通直後の外濠橋梁　鉄道には珍しい巨大な親柱が目を引く

阿部は外濠橋梁の設計に併せ、東京駅から旧万世橋駅間（延長一二五八メートル）の中央本線の高架橋の設計も行った。この高架橋も、新橋駅から東京駅間の高架橋と同様にレンガアーチ構造と思われている方が多いと思う。見た目はレンガアーチ橋だが、実は表面にレンガタイルを貼った鉄筋コンクリート構造なのである。当時、コンクリートの打ちっぱなしは安っぽいという評価があり、表面を新橋駅から東京駅間のレンガアーチに合わせることで、都市景観の統一を図る意味があったと思われる。また意匠だけではなく、基礎には木杭に代わり、国内で初めて鉄筋コンクリート杭が使用された。まさしく鉄筋コンクリートで学位を取った阿部の真骨頂である。

鉄筋コンクリートは、今日の土木や建築にとって最も重要な構造であるが、その歴史は比較的浅い。フランスの庭師ジョゼフ・モニエが一八六七年に金網入りのコンクリートの植木鉢を提案し、特許を取得したのが鉄筋コンクリートの嚆矢（こうし）。阿部が留学した当時は黎明期（れいめいき）で、多くの理論や工法が活発に研究・提案され、土木工学の中で最先端を行くものであった。

阿部は大正五年に、その後のわが国の鉄筋コンクリート工学のバイブルとなる『鉄筋混凝土（コンクリート）工学』を著わし、大正九年に鉄道省を辞し設計事務所を興す。この事務所で東横線渋谷高架橋、大井町線高架橋、銀座線渋谷高架橋、阪急梅田高架橋、阪急神戸高架橋、近鉄鶴橋高架橋など多くの高架橋が設計された。

これらの多くは、それまで例がなかったが、現代の鉄道高架橋でも多く用いられる鉄筋コンクリートラーメン構造で設計された。わが国の鉄筋コンリートの高架橋の設計理論は、阿部によって始められ、阿部によって完成されたと言っても過言ではない。

さらに阿部の活躍の場は、土木の橋梁という狭い分野だけにはとどまらなかった。海外では、土木と建築を隔てる壁は低い。スペインのサンチェゴ・カラトラバやベルギーのローラン・ネイなど、現在の欧州の一流の橋梁設計者の多くは建築も手掛けている。しかしわが国では、土木と建築の二刀流の技術者はほとんど皆無である。著名な建築家の安藤忠雄や隈研吾（くまけんご）も橋を設計しているが、数も少なく土木の世界での評価は必ずしも芳しくない。

東京駅から旧万世橋駅間高架橋（表側）

東京駅から旧万世橋駅間高架橋（裏側　煉瓦造ではなく、コンクリート造なのがわかる）

東横線渋谷高架橋（撤去　渋谷区）

ところが阿部は違った。関東大震災を契機に地震に強い鉄筋コンクリート建築の需要が急騰すると、活躍の場を土木から建築に広げる。東京宝塚劇場や阪急梅田百貨店など、生涯で設計した建築物は二百にも上った。

こう書き連ねてくると、実に順風満帆の人生である。しかし、彼の社会人としての船出は、必ずしもそうではなかった。阿部が役人の道を選んだのは、留学を望んだからであった。小学校を卒業すると、すぐに働きに出され、赤貧の青少年時代を過ごした阿部にとって、留学するにはそれが最善の策と思われたからであった。ところが、鉄道院ではエリートである帝国大学卒業の同期たちに昇進で大きく水をあけられ、留学も農学校出には無縁であった。しかし、阿部は諦めることはなか

阪急神戸線高架橋（兵庫県神戸市）

った。農務省が募集した留学の一般公募に合格し、渡米を勝ち取った。さらに、米国で成果を上げたことで、留学の後半は鉄道院から学費などの支援を受けた。阿部は人生を自らの力で切り開いたのである。

赤貧な青年は、夢を諦めずに初志を貫徹した。それはきっと、クラークが農学校の学生たちに残した「少年よ大志を抱け」の言葉が、心の中に生き続けていたからに違いない。

3

もう一つの『火垂(ほた)るの墓』

野坂相如◉のさか・すけゆき

近年の渋谷駅とその周辺の変化は目まぐるしい。かつて渋谷の顔であった五島プラネタリウムも今はなく、渋谷ヒカリエや渋谷スクエアという超高層ビルが建ち並び、令和二年には、かつての名残を唯一とどめていた東急百貨店東横店も閉店した。

東横店は昭和九年に関東初のターミナルデパートとして誕生した。このビルを介して、山手線と銀座線、井の頭線、玉電（田園都市線の前身、二階にホームがあった）が垂直に連絡するという秀逸な都市計画。これには、都市計画の神様「石川栄耀」が関わっていたと聞き、思わず納得したことがある。モダニズム風のビルの外観も良かったが、圧巻はビルの三階から、銀座線の黄色い車両が現れて空中を走る様。渋谷は渋谷川が造った谷地。青山まで地下を走ってきた銀座線が、宮益坂からそのままの高さで顔を出すと、三階レベ

改修前のメトロ旧渋谷駅高架橋

ルになるという見事な地形利用。これぞ渋谷という都市景観である。

この高架橋も架け替えられ、宇宙船のような駅舎を抱いた近未来をイメージさせる姿に変わった。それ以前の橋は昭和十年に架けられた鋼鉄製の鈑桁橋。多くのリベットが打たれた橋桁は歴史を感じさせ、若者の街渋谷にあって、重きをなす長老のような趣であった。橋は阿部美樹志が設計し、メトロの前身の東京高速鉄道株式会社により架けられた。

ところが当初、この高架橋を含め、今日の銀座線の新橋～渋谷駅間は、東京都交通局の前身の東京市電気局が建設する予定であった。東京の地下鉄計画は、明治三十九年に福沢諭吉の養子で、電力王と呼ばれた福沢桃介が、東京地下電気鉄道株式会社の名義により、十二キロの地下鉄敷設を出願したのに始まる。その後、民間からの出願が相次いだが、大正八年に出願した東京地下鉄道株式会社を除き、工事能力がないと判断され許可にはならなかった。一方、東京市は大正八年に市が運営する地下鉄計画を策定。しかし、工事着手直前に関東大震災が発生し事業は延期された。その後、東京市は地下鉄計画を見直し、大正十四年三月に新地下鉄計画が内務省から告示された。この計画は五路線からなり、総延長は五十一・二キロメートルに達するものであった。一号線は五反田～新橋～上野～浅草、二号線は目黒～銀座～南千住、三号線は渋谷～新橋～東京～巣鴨、四号線は新宿～神田～大塚、五号線は池袋～東京～洲崎というルート。今日の地下鉄路線とは異なるが、核となる地域を結んでおり、この計画が実現していても、現在の東京中心部の交通ネットワークを十分満たしていたと思われる。

東京市は大正十四年五月に二～五号線の四線の免許を得た。なお、浅草～新橋～五反田を結ぶ一号線は、東京地下鉄道株式会社が免許を取得し、同年九月に上野～浅草駅間で工事に着手。昭和二年十二月に、わが国初の地下鉄として開通した。引き続き五反田に向け工事を進めたが、新橋まで到達した時点で資金がショートし力尽きた。

東京市電気局で地下鉄計画の中核を担ったのが、高速鉄道調査掛長の野坂相如であった。野坂は明治三十二年、東京市築地生まれ。府立一中、一高とエリートコースを進み、大正十二年に東京帝国大学土木工学科を卒業して

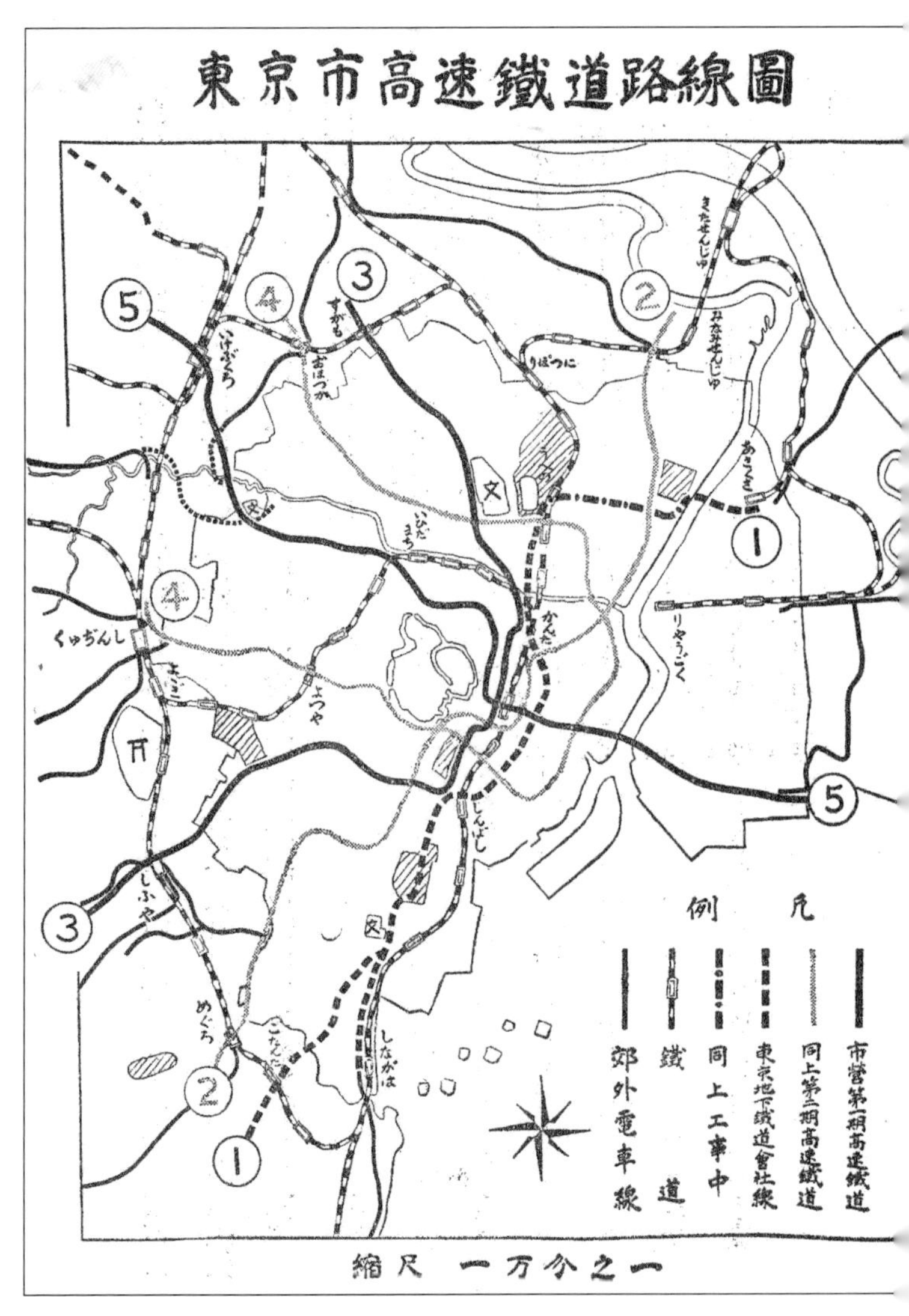

野坂相如が作成した東京高速鉄道路線図

東京市に入った。以来、地下鉄計画に従事し、前記の新地下鉄計画を策定した。昭和二年、電気局は三号線と五号線の二路線について、調査や設計に着手したが、建設の大半を市債による資金計画であったことから、市の債務が膨らむことを危惧した大蔵省と内務省の反対に遭い、事業は再度頓挫した。結局、昭和六年に東京市は、渋谷～新橋～東京間などのドル箱路線の免許を東京高速鉄道株式会社に譲渡。さらに昭和十六年には、残りの路線も東京高速鉄道株式会社の後継組織の帝都高速度交通営団に譲渡した。これにより、東京市が主導し施行するという地下鉄建設計画は、水泡に帰すことになった。

野坂は、昭和七年に『大東京交通機関の統制について』という著作を発表する。この中で、地下鉄を整備すれば市電の経営は悪化すること、このため地下鉄・市電・バスなど一体的な交通政策が求められること、地下鉄の運営は一者に統一すること、郊外電車から市電や地下鉄への乗り換えを円滑にするようターミナル駅の改良や、相互乗り入れを図ることなどを提起した。しかし、これらは何ら改善されることなく、そのまま戦後の東京に交通のアキレス腱として持ち越された。野坂は、東京市に奉職以来、一途に取り組んできた仕事が何の成果も見なかったことに落胆し、この論文を置き土産に東京市を去った。

野坂は昭和八年に内務省に入り、都市計画地方委員として群馬県に派遣、昭和十一年には内務省人事で神奈川県に異動した。今日でも、相模原市や横須賀市などの根幹をなす街

後列左から２人目が野坂相如（東京市役所時代）

路や区画整理の大半は、この時の野坂の立案によるものであった。

　現代の土木技術者は、都市計画はソフト系、構造系はハード系と一線を画す。両方に精通した技術者は、皆無といえよう。野坂相如といえば、神奈川県時代の実績が名高く、都市計画技術者としての評価が高い。しかし昭和六年に野坂が著した本は、『土木建築構造力学』という、バリバリのハード系の内容であった。野坂は熟知した構造を元に都市計画を立案できる、構造と計画の両分野に精通した稀有な技術者であった。私はこれを知ってから、野坂が最後まで銀座線の計画や設計をしていたなら、渋谷駅や高架橋はどのような姿になっていたかを、以前にも増して見てみたかったと思うようになった。

その後、昭和十四年には神奈川県で国内初の技術系の都市計画課長、昭和十七年には富山県土木課長、昭和二十一年には新潟県土木部長、そして翌年には新潟県副知事に抜擢された。技術系の公務員が副知事に任命されるのは、全国で初めてという快挙であった。野坂の後半生は華やかなものになった。

さて、野坂相如という名前を見て、ピンときた読者もいるのではないだろうか。野坂相如は、小説家の野坂昭如の実父なのである。野坂昭如といえば、年配の方なら直木賞作家、『四畳半襖の下張』を巡るわいせつ裁判、『黒の舟歌』、サングラスをかけたプレーボーイ、「ソ・ソ・ソクラテスかプラトンか」というサントリーのCMなど、多彩な顔が浮かぶであろう。昭和を代表する文化人であった。若い人にも、スタジオジブリのアニメ『火垂るの墓』の作者といえば、思い当たる方も多いのではないだろうか。『火垂るの墓』は、自身の戦争体験をもとにした自伝的小説と言われている。焼け出された戦災孤児の兄妹の物語。終戦直後の食糧難の中、四歳の妹は栄養失調で死に、一四歳の兄もやがて栄養失調で力尽きる。二つの幼い命を、ホタルのはかない光になぞらえた名著、名アニメーションである。野坂昭如はこの作品で、念願の直木賞を受賞した。

野坂昭如は、誕生直後に生母が亡くなったため、神戸の資産家に養子に出された。後に養家に女の子がもらわれてきて妹になるが、空襲などで養父母を失い、終戦直後にその妹も栄養失調で亡くした。ここまでは『火垂る

野坂相如一家（後列 右端が野坂昭如）

の墓』のストーリーそのままであるが、昭如は生き延びた。そして、自らを養子と知り、実父が生きており、それが新潟県副知事の相如であると知るのは、昭如が闇市で補導され収監された多摩少年院の中であった。実話もかなりドラマチックである。それから昭如は、相如に引き取られた。たまたま昭如の素性を知った少年院の院長が新潟県出身であったことから、相如に連絡をいれたのである。やがて、旧制新潟高等学校を経て早稲田大学仏文科に入学。その後、放送作家や作詞家などを経て小説家への道を歩んだ。

相如は、晩年に『野坂昭如との対話』という本を残している。自らの生い立ちから始まり、文化人として活躍する昭如の姿が描かれている。そこには、息子である昭如への愛があふれているが、そこはかとなく乳飲み子を養子に出した親の後ろめたさが読み取れる。

他方、昭如は、この本の前書きに相如について以下のように記した。

「『自分のこれまでは、内なる弱さとの闘いであった』という父のつぶやきがある。弱さを背負い、その弱さを克服するための人生といえば、妙にストイックでかっこいいけれど、父のこの言葉が、僕の心に焼き付いているので、もし僕に男子がうまれたら、猿真似ながら贈りたいと考えている。父は単に血のつながりを超えて、男である僕のまたとない師であり、この絆を僕は感謝している」

昭如が養子に出された頃、父相如は愛妻の死に加え、仕事でも自らを賭してきた地下鉄事業から東京市が撤退するという苦境にあった。先が見通せず、生涯において最も自らと戦っていた時期だった。

『火垂るの墓』は戦争の悲惨さを描いている。しかし戦争がなければ、昭如は相如と再び出会うことはなく、また空襲や闇市などの経験なしには、野坂文学も生まれなかったであろう。野坂昭如という小説家は、戦争と反戦の相反する二つの狭間の中で、それを自覚し、もがき苦しみ生きていた。その中で、自らを捨てた父も許していたのだと思う。『火垂るの墓』の少年は、父や継母や兄姉弟に囲まれ成人し、やがて温かい家庭を持ち、作家として大成した。実際の『火垂るの墓』は、ハッピーエンドで幕を閉じたのである。

橋

1 瀬田唐橋

花房周太郎◉はなぶさ・しゅうたろう

東海道新幹線の車内に京都駅到着案内のアナウンスが流れる頃、右手に琵琶湖が臨め、擬宝珠(ぎぼうし)の欄干がある和風の橋が目に入る。橋の名は瀬田唐橋(せたからはし)。この橋の手前で東海道と中山道、北国街道が合流するため古くからの交通の要衝で、また琵琶湖南西部から流れ出る瀬田川に架かる唯一の橋であったことから、京都の防衛上、最も重要視される箇所であった。歴史上、大友皇子と大海人皇子が争った壬申の乱をはじめ、承久の乱や建武の戦いなど、この橋の覇権を争って国内を二分する戦いが繰り広げられてきた。このため、「唐橋を制する者は天下を制する」とさえ言われた。最初に橋が架けられたのは、天智天皇による大津遷都の六七〇年ごろと言われ、宇治川に架かる京都府宇治市の宇治橋、淀川に架かっていた京都府山崎町の山崎橋と並び、古代日本の三大橋に数えられている。

現在の瀬田唐橋（滋賀県大津市）

現在の橋に架け替えられたのは昭和五十四年で、橋は中洲を挟んで橋長百七十二メートルの大橋と五十二メートルの小橋の二つの橋から成る。橋桁は鋼鉄製。橋脚は井桁状（いげたじょう）の構造で、一見、木造に見えるが鉄筋コンクリート製である。橋面の欄干には、神社のように擬宝珠がつく和風のデザイン。この擬宝珠には、明和八（一七七二）年など江戸時代の銘が刻まれている。歴史を深く感じさせる名橋である。

この橋を初めて訪れたのは、今から十年ほど前であった。中洲には小公園があり、ここから大小二つの橋を眺めることができる。公園には自然石に橋の案内板が二枚設置されている。一枚は現在の橋の説明、そしてもう一枚は大正十三年に先代の橋が完成した時の記念碑である。この記念碑には、橋の由来や架け替えの経緯に加え、滋賀県知事堀田義次郎、内務部長島内三郎など事業関係者の名前が記されている。知事まで名を連ねた記念碑は全国でも少なく、橋の架け替えが県を挙げての大事業であったことがうかがえる。

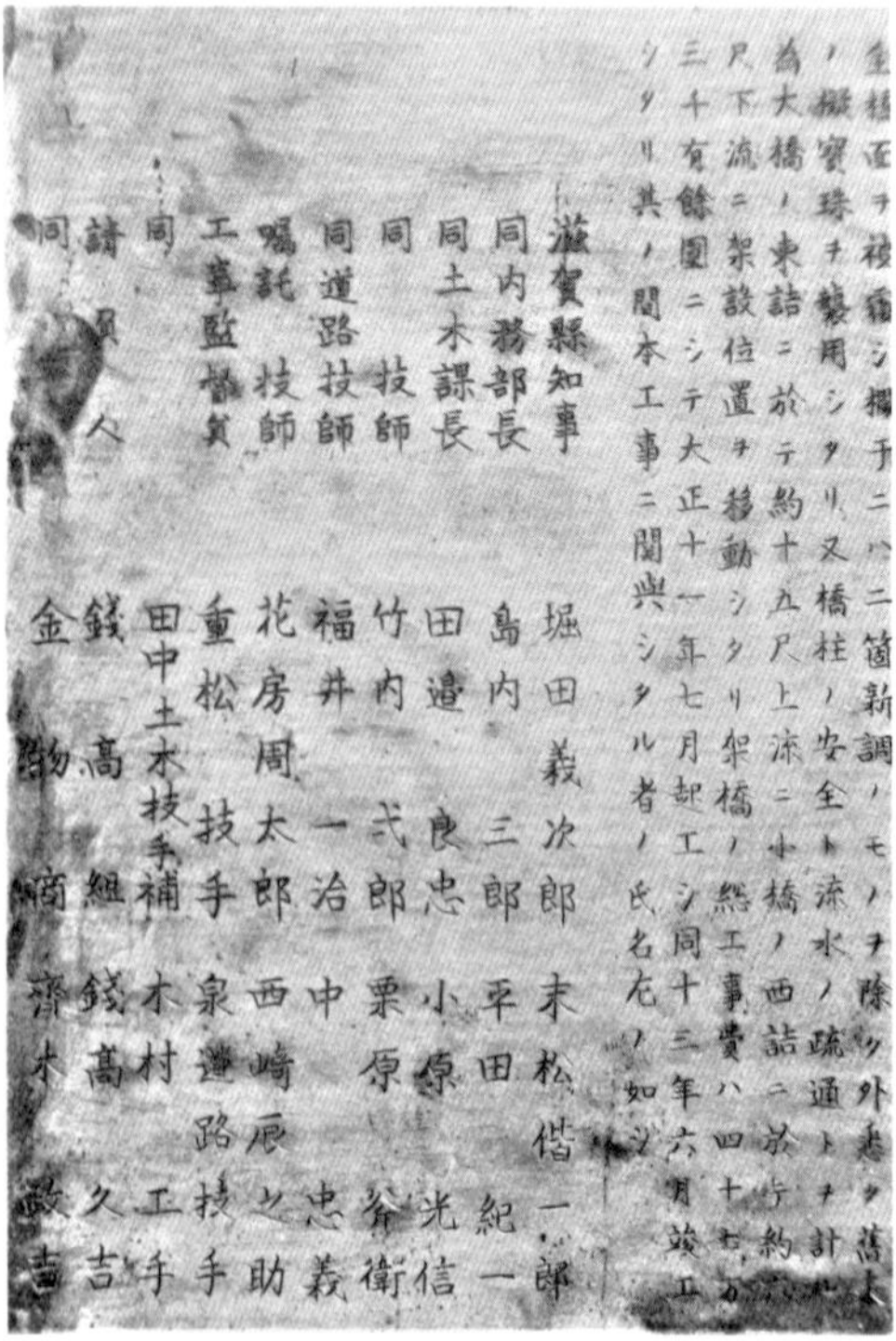

私は、刻まれた名前の中に「嘱託　花房周太郎」の名前を見つけ、一瞬目を疑った。花房周太郎は、明治末から大正にかけて東京市橋梁課に在籍した技術者である。それがなぜ、滋賀県の橋の記念碑に名前が記されているのか。

花房は、明治十八年に和歌山県に生まれ、明治四十四年に京都帝国大学土木工学科を首席で卒業して東京市に入った。関西生まれ、関西育ちの花房が縁もゆかりもない東京に就職したのは、まだ開校して日の浅かった京

瀬田唐橋（大正13年完成）の架橋記念碑
「嘱託技師　花房周太郎」の名が見える

花房周太郎

都帝国大学の卒業生の進路を拓くためであった言われる。

東京市では橋梁課に配属。課長は樺島正義であった。樺島は、明治四十二年に米国の留学から帰国し、東京市の初代橋梁課長として三顧の礼で迎え入れられた新進気鋭の土木技術者で、花房が市に入った頃、隅田川の新大橋を自ら設計するとともに、日本橋などの設計を指導していた。樺島の登場で東京の橋は、急速に近代的な欧米風のデザインに変わりつつあった。花房は、日本で最も旬な土木技術者のもと、橋梁設計をイロハからたたき込まれることになったのである。

樺島の代表作に、外濠に架けられていた鍛冶橋、呉服橋がある。鍛冶橋は当時、国内のコンクリートアーチ橋としては最大規模を誇り、橋の側面に花崗岩が貼られた重厚な橋で、呉服橋も当時珍しい鋼鉄製のアーチ橋であった。いずれの橋も、そのまま欧州の都市にあっても遜色ないような欧州風のデザインで彩られた美橋であった。実はこれらの橋は、樺島の指導を受けながら花房が設計したものであった。他に私が大正期のコンクリートアーチ橋で最も美しいと思う中央区の亀島川に架けられていた高橋も、樺島の指導のもと花房が設計を行った。

大正期、役所で橋梁専管の組織を有していたのは東京市と大阪市のみで、国内に橋梁を設計できる技術者は、数えるしかいなかった。このため、花房の活躍の場は東京だけにとどまらず、神奈川県の花水橋や前述した瀬田唐橋など広範囲に及んだ。そして大正中期には、樺島正義、米国留学から帰国し橋梁設計会社を興した増田淳と並び、「橋梁界の三星」と称されるまでになる。

さて、花房が設計した先代の瀬田唐橋は、それ以前の木橋ではなく、鉄やコンクリートを使った近代構造の橋であった。しかしその

鍛冶橋（撤去　千代田区・中央区）

呉服橋（撤去　千代田区・中央区）

高橋（撤去　中央区）

外観は、橋の歴史を踏まえ、橋脚の形状は井桁状に、欄干には擬宝珠を配し、鋼鉄製の橋桁は木製の桁隠しで覆うなど、あたかも伝統的な木造の和式の橋を思わせるいでたちであった。特に橋脚は、鉄骨で井桁を組んだ後、周囲にコンクリートを打設することで、見事に木を組んだような形状を作り上げた。鉄やコンクリートを用い和風のデザインの橋を造ることは、当時では例がないことであった。伝統ある橋へのリスペクト、そして様々な形状を造り出す高い設計能力が、このような特殊な構造やデザインを可能にした。

明治時代　木橋の瀬田唐橋

大正十年、樺島は四十三歳の時、東京市を辞し橋梁設計事務所を立ち上げる。樺島が退職する決断ができたのも、後継者として花房がいたからだと思う。花房は樺島の跡を継ぎ橋梁課長に就任する。しかし時を置かず病に倒れた。花房は大正十二年九月一日の関東大震災を、前日に膵臓手術を受けた聖路加病院のベッドの上で迎えた。火災からは逃れたものの、震災直後で十分な治療も受けられなかった。「橋は無事か」、病床にあっても花房は橋の被災状況を心配していた。家族が「大丈

花房周太郎が設計した瀬田唐橋　木橋に見えるが、鋼鉄製の橋桁と鉄筋コンクリートの橋脚を持つ近代橋であった（撤去）

夫」と答えると安心し眠りについたという。九月十七日永眠、三十七歳。

花房は、母校の京都に近い瀬田唐橋の完成を楽しみにしていたというが、見ることはかなわなかった。橋の完成は大正十三年六月。この橋が花房の遺作になった。現在の橋は昭和五十四年に架け替えられたが、井桁の橋脚や擬宝珠など花房が注力したデザインは新橋にも踏襲された。花房は若くして逝ったが、設計の遺伝子は引き継がれたのである。

今回も、瀬田唐橋はあっという間に車窓から消えた。しかし、近江八景にうたわれたその景色は、いつまでもまぶたに残った。まるで駆け抜けた花房の人生を映すかのように。

2 兄弟

太田圓三◉おおた・えんぞう

伊豆の伊東駅の至近に、明治末から昭和初めにかけて活躍した詩人木下杢太郎（もくたろう）の記念館がある。記念館の建物は、かつて伊豆有数の雑貨問屋であった「米惣（こめそう）」という商家で、外観は黒壁にこの地方ならではの「なまこ壁」が割合よく配置され、明治の豊かな商家のたたずまいを伝えている。杢太郎は明治十八年に、この家で兄二人と姉四人を持つ末っ子として生を受けた。

やがて、医学の道へ進んで欲しいとの家族の望みから、中学は東京へ出て独協中学で学んだが、勉学の傍ら絵の世界に興味を持ち、美術学校への進学を望むようになる。しかし、家族の猛反対から希望ははかなく頓挫した。旧制高校は第一高等学校第三部（医学系）へ進むが、今度は文学へ傾倒して文学部への転部を試みようとするが、再度、家族の反対に遭い希望はかなえられなかった。だが文学へ

木下杢太郎記念館（伊東市）

の思いは、東京帝国大学医学部に進学後も断ち切れず、与謝野鉄幹が主宰する『明星』へ参加し、詩や小説を発表。その後、吉井勇や北原白秋らと文芸雑誌『スバル』を創刊。さらに、パリのように文化人が集うサロンがないことを憂い、吉井や白秋、高村光太郎らと文学者や芸術家が集うサロン「パンの会」を立ち上げるなど、わが国におけるロマン主義の中心人物となっていった。

「木下杢太郎」とは、本名ではなくペンネームである。これは、家族に文学活動を知られないようにとの思いからで、「黄

木下杢太郎

金色に稔るみかんの実をみて、その木の下に何かの秘密があるのではないかと真剣に思案する、凡愚な農民杢兵衛の子杢太郎」として自らを演じるためであった。

杢太郎には、文学者以外にもう一つの顔があった。本名太田正雄という皮膚科医の顔である。与謝野晶子がうらやんだように医学、文学、絵画と実に多くの才能に恵まれていた。そんな杢太郎は、卒業後の進路でも医学か文学かで迷い、師と仰ぐ同じく医師で文学者でもある森鷗外の助言により、ようやく医者に軸足をおいた道を歩むことになったのである。

太田圓三

さて、杢太郎記念館のもう一人の主人公である。杢太郎の次兄の名は太田圓三。木下圓三は帝都復興院土木局長（後に復興局土木部長）として、関東大震災の復興を主導した土木技術者であった。明治十四年生まれであるから、杢太郎より四歳上ということになる。最初、静岡中学に学び、後に東京の府立一中へ転校、その後、一高、東京帝国大学と当時のエリートコースの王道を歩んだ。大学では土木工学を学び、鉄道院に奉職した。また、理系であるが、文学や芸術に造詣が深く、杢太郎が前述したような道を歩んだのも、圓三の影響からと言われている。鉄道院では、鉄道始まって以来の秀才とうたわれた。この間、当時の鉄道院のエリートたちがそうであったように欧米留学も経験している。

大正十二年九月一日、関東大震災発生。帝都復興に向け、九月二十七日に山本権兵衛内閣に帝都復興院が設けられ、後藤新平が大臣にあたる初代総裁に就任する。後藤は、かつて鉄道院総裁時に腹心の部下であった十河信二を経理部長に任じ、組織の立ち上げと人選を命じた。十河は、戦後に国鉄総裁として新幹線建設を推進し、「新幹線産みの親」と呼ばれた辣腕であった。迷うことなく、復興の要となる土木局長に鉄道省の同僚で親友の圓三を推薦した。しかし後藤は当初、圓三が四十二歳と若かったことからちゅうちょする。また圓三自身も、道路建設の経験がないからと固辞したと言われるが、いずれも十河に押し切られる形で就任が決まった。

圓三は、復興事業の中枢となる橋梁課長に田中豊、街路課長に平山復二郎、隅田川出張所長に釘宮巌、嘱託に白石多士良など、鉄道省での部下を次々に復興院に呼び寄せた。新しい東京の町は、これら鉄道省のエリート技術者たちによって造られることになったのである。

震災復興で隅田川に架けられた橋、例えば永代橋はライン川のルーデンドルフ鉄道橋を、清洲橋も同じくライン川のケルン吊り橋をモデルとし、言問橋はドイツで生まれたゲルバー構造を採用するなど、いずれもドイツの橋に範をとった。これは、わが国の鉄道が明治後期から大正にかけてドイツを範としていたこと、そして鉄道省のエリートたちが、留学で欧州の橋を広く生で見ていたことと無縁ではなかったと思う。もし、復興院の中枢を圓三たちではなく、主に留学先が米国であった道路の技術者たちが占めていたら、隅田川の橋梁群は今日とは全く違う姿になっていたことであろう。

圓三は、新しく架ける隅田川の橋梁群を帝都復興の要と考えていた。それは、新時代を告げるシンボルとして美観と最新技術を兼ね備えたものでなければならなかった。まず圓三は、世界中の日本大使館に宛てて、各国の橋の写真や図面を集めることを依頼する。やがて圓三の元には、伝統的な橋から最新技術で架けられた橋まで、世界各地の橋の膨大な資料が集まった。これらは、復興橋梁の設計の参考になったばかりでなく、後日、『世界橋梁写真集』『世界橋梁設計図説』として発刊され、全国各地にこの本を参考にした橋が多く架けられ、日本の橋梁技術の発展に大きく寄与することになった。

次に圓三は、木村荘八ら旧知の画家に声をかけ、彼らが理想とする隅田川に架ける新しい橋の姿を描かせた。その数は七十種類にも及んだという。さらに芥川龍之介や小杉未醒（みせい）などの文人たちを加え、これらの絵をもとに帝都の新橋はどうあるべきかとの意見を求めた。このような美術界や文壇との人脈は、まさしく杢太郎あってのものであった。そして、画家や文人たちが意見を戦わせる場は、かつて杢太郎が「パンの会」で求めたサロンの姿そのものであった。実際に書かれた絵や意見には、目ぼしいものはなかったと言われている。しかし当時、最先端を行く文化人たちが集い、隅田川の新橋について意見を戦わせる姿をメディアはこぞって報道した。大新聞の紙上にも「新橋はこうあるべき」などの論評が躍った。橋に対する国民の関心は、かつてないほど高揚した。そして世論は、復興事業を受け入れ、その背中を押す大きな推力となっていく。圓三が仕掛けたメディア戦略の勝利であった。

このような姿が眼前で繰り広げられて、若手技術者の刺激にならないはずがない。圓三は、そんな彼らを、新技術にチャレンジさせるよう「計算できない橋を架けろ」と鼓舞した。震災復興では、隅田川に限らず、中小河川や運河にも実に多彩な橋が架けられた。交通機能を早期に回復させることや、当時の貧しい財政状況を考慮すれば、できるだけ同じ構造の橋を架けた方が工事費も安く、設計や工事も容易であるのは当然である。もし隅田川の橋を当時、最も安価なトラス橋で架けたら、三分の一程度の工事費で済んだと思われる。しかし、後に田中豊が述べているように、圓三らは震災復興を橋梁技術の発展にとってはニ度とない好機ととらえ、多種多様な橋を設計・架設。これにより、わが国の橋梁技術は、一挙に欧米諸国に肩を並べるまでに至った。そして、ここで多くの技術者が育ち、その後、全国の県庁などに転職することで、昭和初期に自動車に適応した橋の近代化を図ることを可能にしたのである。

なお、文化人たちが提案した橋の案で、唯一実現したものがある。東京駅八重洲口前の外濠通りは、その名が示すように、戦災のが

杢太郎がデザインした八重洲橋（撤去　中央区）

れきで埋め立てられ姿を消す以前は、水をたたえた江戸城の外濠があった。ここに八重洲橋という橋が架けられていた。この橋は、杢太郎が欧州留学の際、訪れたスペイン旅行でヒントを得たという国内唯一のスパニッシュ風のデザインで、震災復興の橋の中で最も個性的なものであった。戦後の埋め立てがなく現存していたら、今でも東京名所の一つであったに違いない。

鉄道院時代の圓三の欧米留学の目的は、鉄道の電化と工事の機械化にあった。帰国後、さっそく丹那トンネルの工事にわが国で初めて削岩機を導入し、画期的な成果を挙げた。圓三は、震災復興でも永代橋や清洲橋の基礎工事に周囲の反対を押し切ってニューマチックケーソンを導入し、同工法の有効性を示すとともに、日本にその技術が根付くのに尽力した。他にも、クローラクレーンや、止水や土留めに用いる鋼鉄製の矢板「シートパイル」など、当時、最新鋭の機材や工作機械を輸入し工事に投入した。これを契機に日本の土木工事の機械化が飛躍的に進むことになるのである。

圓三が復興事業で橋とともに力を注いだのが、土地区画整理事業であった。復興院ができた当初、後藤新平は焼失地を全て買収し、新しい街を建造することを試みたが、これは財政面から早々に頓挫した。次に浮上したのが震災前の街の区割りを残したまま、道路だけを拡幅する「地帯収容案」と呼ばれるもので、これを主張する復興院副総裁宮尾瞬治や計画局長池田宏らは「実行派」と呼ばれた。

これに対し圓三は、この機を逃しては東京の近代化は不可能と考え、元の道路を白紙に戻して、全面的な都市改良を進める区画整理を主張した。圓三らのグループは「理想派」と呼ばれた。理想派には、十河信二や耐震工学の生みの親と言われる建築局長佐野利器(としかた)などがいた。圓三は、区画整理の必要性や有効性を説き、大正十二年十二月八日、復興院は規模は当初より縮小したものの、理想派が推す区画整理で施行することを決定した。

しかし、区画整理により土地がタダで取られると考えた地主たちや、彼らの支援を受けた政治家、特に政権を担う政友会から激しい反対運動が起きた。圓三は、これら議員や大臣に昼夜を問わず訪ねて粘り強く説得を試み、ついに反対派の長老であった小泉策太郎代議

圓三、杢太郎兄弟が完成を待ちわびた永代橋（中央区・江東区）

士をして「区画整理案には賛成できないが、君の熱心さに反対論は封じられる」とさえ言わしめた。これにより、都市部では世界初と言われる区画整理で、新しい東京が造られることになったのである。

さて、大震災のがれきから今日の東京の街を作り上げた功労者として、歴代都知事はよく後藤新平の言を引用する。大震災直後の大正十二年九月二十七日に内閣に帝都復興院が設けられ、後藤は初代総裁に就くが、十二月二十七日に皇太子（後の昭和天皇）が狙撃された虎の門事件の責任をとり内閣は総辞職。後藤も志半ばで辞職した。この間、わずか三カ月であった。さらに復興院は翌年の三月に廃止され、内務省の外局にあたる復興局に格下げになった。後藤の志を引き継ぎ、帝都復興の象徴となった隅田川に架かる橋を計画し、区画整理を施行し、今日の東京の骨格を造り上げた最大の功労者は、他ならぬ太田圓三だったのである。

復興事業に携わるようになってしばらくたってから、圓三の口癖は「隅田川の橋の完成を見るまでは死ねない」だったという。しかしこの願いはかなえられなかった。大正十五年三月二十一日、圓三は突然に四十五歳の生涯を閉じた。愛用のドイツ製のナイフを胸に刺しての自殺であった。神経衰弱を患っていたという。当時、復興局は用地買収を巡っての贈収賄事件により、国民から非難の嵐にさらされ、役所内には重苦しい空気が立ち込めていた。圓三は潔癖な性格で、事件には関与していなかったと言われる。しかし、盟友の十河は逮捕され（後に無罪）、直木倫太郎長官も辞任。気が付けば、復興局内で圓三は孤立無援であった。加えて、前例のない復興事業を先頭に立ち推し進めてきたことによる心労は、いくばくであったろうか。死の直前に撮られた写真が残されているが、以前のはつらつとした表情とは打って変って、重く沈んだ雰囲気に満ちている。メディアは圓三の死を「復興事業の人柱」と報じた。そして、圓三の死を境に復興局に対する非難の逆風は収まりをみせた。

杢太郎は、圓三の死に遭って一編の詩を残した。タイトルは『永代橋工事』。「……基礎はなるべく近代的科学的にして、建築様式にはできるだけ古典的な、荘重の趣味を取り入れて造ってもらいたい。などと空想して得心

太田圓三のレリーフ（現在は神田橋脇に設置されている）

した。それだのに、同じ工事を見ながら、今は希望もなく、感激もなく、うわの空にあの轟轟たる響きを聴き、ゆくりなくもさんさん涙ながれる。……」。そして、詩の終りに小さく「永代の新橋は亡兄の心血を注ぎ設計せるものにてありけるなり」と記している。詩からは兄の死への鎮魂の思いが、そして圓三が永代橋の新橋にかけた思いが伝わって来る。

　その後、杢太郎はハンセン病の国際的権威になり、昭和十二年に東京帝国大学医学部教授に就任した。昭和二十年十月、胃がんで逝去。兄の圓三は、帝都の復興を見ることなく、絶望の中で死を選んだ。半年後、大正は終わりを告げ、昭和へと時代は移っていった。また弟の

李太郎が描いた西河岸橋の絵

李太郎も、焼野原の東京での敗戦の絶望の中、死を迎えた。直後に時代は、戦後復興に向けダイナミックに動き出した。兄弟はいずれも新しい時代を見ることなく、時代の節目で人生を終えた。

昭和六年、圓三を慕う有志たちにより、相生橋のたもとの中島公園に圓三の肖像を刻んだブロンズのレリーフが設置された。その圓三の背景には、震災復興の華とうたわれた清洲橋が描かれていた。そして、圓三が見つめる先には永代橋の雄姿があった。この地は、故人が最も力を注いだ隅田川の橋梁を眺められる場所として選ばれた。レリーフは戦渦にあったが修繕され、昭和三十年にかつての復興局からほど近い千代田区の神田橋公園に移設された。

木下杢太郎記念館に入ると、一枚の絵が目を引く。杢太郎は自ら描いた絵を震災でほとんど失ったが、唯一残されたものだという。この絵は、震災前に日本橋川に架かっていたボーストリングトラス橋の「西河岸橋（にしかしばし）」を描いたものである。また杢太郎が、雑誌『スバル』に発表した処女小説のタイトルは、『荒布橋（あらめばし）』であった。そして、兄への追悼の詩は『永代橋工事』。いずれも橋を題材にしている。杢太郎も橋を愛していたのであろう。いや、それはなにより、圓三が愛してやまなかった橋を透して、慕う兄に自身の想いを伝えるためだったのかもしれない。

3 一冊の工事アルバム

白石多士良◉しらいし・たしろう

平成二十六年十一月にゼネコンのオリエンタル白石株式会社から東京都建設局に一冊のアルバムが寄贈された。表紙には「永代橋工事写真」と書かれ、厚さ五センチもあるアルバムには、永代橋の工事着手から開通式までの五百五十七枚の貴重な写真が収められていた。現在の永代橋は、大正十五年に関東大震災の復興事業で架け替えられたもので、国の臨時組織である復興局により施行された。工事は今日のようにゼネコンなどが請け負うのではなく、橋桁を川崎造船が製作した以外は、全て復興局が直営で行った。

それでは、なぜオリエンタル白石がこのアルバムを所蔵していたのか。その謎を解くには、会社の創業時まで遡る必要がある。オリエンタル白石の前身は昭和八年に創業した白石基礎工事で、主に橋や建物の基礎をニューマチックケーソン工法で施工する専業メーカ

オリエンタル白石株式会社から寄贈された永代橋工事アルバム

ーであった。

この会社の創業者が白石多士良。白石は明治二十年、東京生まれ、明治四十五年に東京帝国大学土木工学科を卒業し鉄道院に奉職した。その後、大正七年に鉄道院を退職し、小松製作所の社長に就任した。

白石多士良

関東大震災時には、最新の建設機械の視察のため欧米に出張中で、英国から米国へ渡る船の中で震災を知ると、調査を打ち切り急きょ帰国の途に就いた。

復興局土木部長の太田圓三は、鉄道院で白石の元上司、さらに一高野球部の先輩という間柄であった。太田は、復興はスピード感が重要で、効率的に工事を進めるには、海外の最新の重機の導入が不可欠と考えていた。太田は白石を海外の最新の建設機械事情を知る唯一無二の人材と評価しており、そのため白石がまだ帰国の船上にあったにもかかわらず、

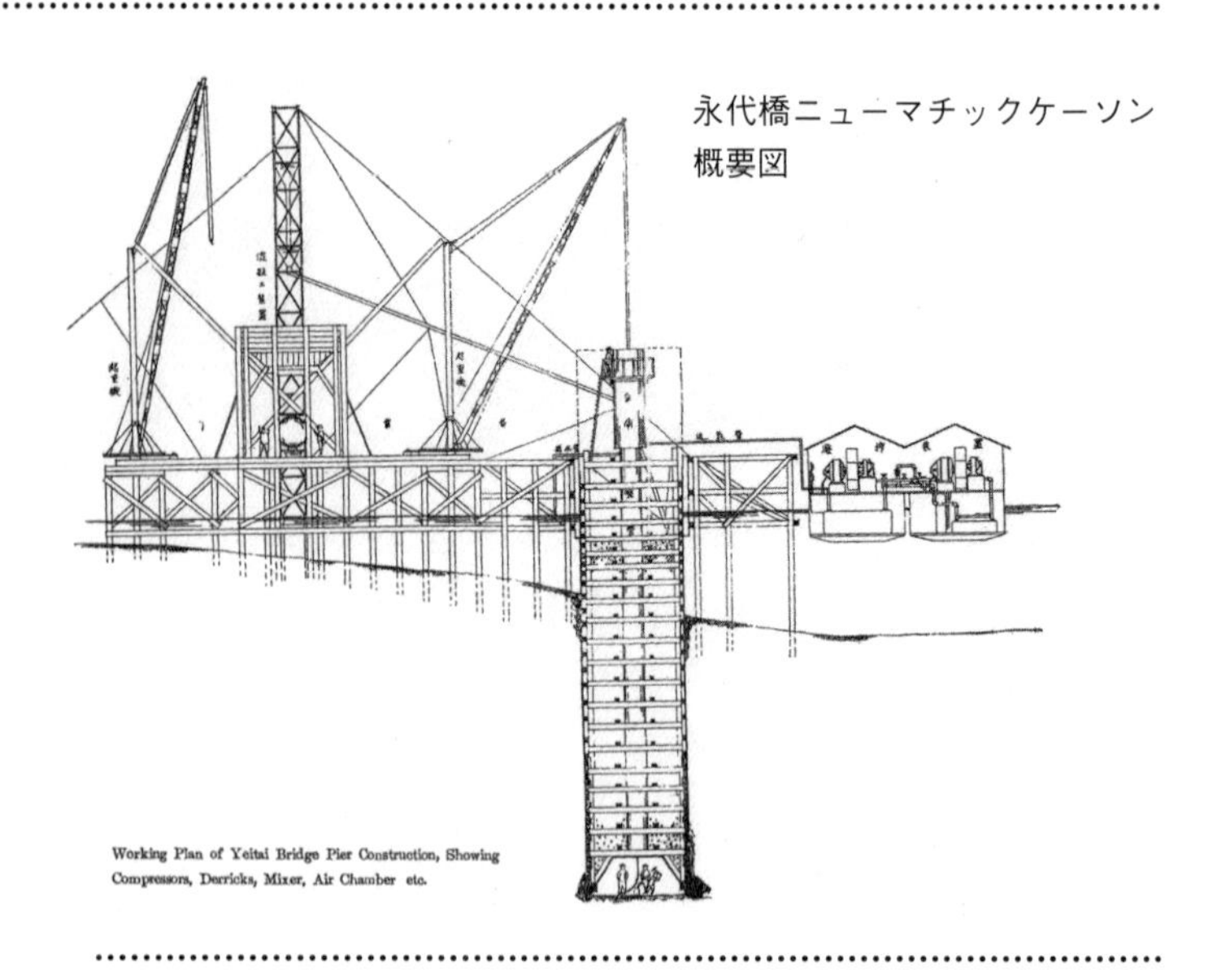

永代橋ニューマチックケーソン概要図

復興局の嘱託に任命する。白石はそのことを接岸した横浜の桟橋の上で初めて知った。

関東大震災で東京の橋は地震の揺れでは落ちなかったものの、大半が木造であったため、多くが火災で焼失した。このため東京のほとんどの橋が架け替えられ、その数は六百橋に上った。太田は、橋桁を不燃の鉄やコンクリート製にするとともに、基礎には経年でも沈下せず、地震の大きな揺れでも崩れない頑強な構造が必要と考えた。

しかし、永代橋など隅田川下流部は地盤が軟弱。重い橋を支えるためには、地下三十メートル下の固い地盤（支持層）に基礎を造らなければならなかったが、このような深さまで掘削し、基礎を構築する技術は国内にはなかった。そこで白石は、欧米で視察した世界

木製ケーソン製作

ニューマチックケーソン設備組み立て

ニューマチックケーソンのマンロック

鋼桁架設

鋼桁閉合

舗装工事

アルバムに収められた永代橋の工事写真

最先端の基礎工法のニューマチックケーソン工法に白羽の矢を立て太田に推薦。太田はこの工法の採用を決断し、白石に機材の確保を命じた。

ニューマチックケーソンのケーソンとは、ドイツ語で箱を意味する。この工法は、陸地で造った大きな箱（当時は木製）を基礎を造る場所まで曳航し、その中にコンクリートを打設するとともに、箱の底の下を人力で掘削し、これを繰り返すことで所定の深さまで沈下させ基礎にするというものだ。圧縮した空気を箱の下に送り込むことで、箱の下側は気圧が高く水は侵入しなくなるため、ドライな状態で人力での掘削が可能であった。

しかし機材は国内にはなく、欧米から設備一式を輸入する必要があった。しかも数は少なく、大掛かりで高価、国内に操作できる技術者も皆無であった。これに対し日本国内では、工事は純国産の技術で行うべきとか、機材など購入せず工事自体を外国企業に任せるべきなどの反対意見が渦巻いた。しかし太田は、ニューマチックケーソンの機材輸入はやむを得ないものの、施工は日本人の手で行うことで新技術を身に付けるべきと考え、この考えは一貫してぶれることはなかった。白石は米国人脈を駆使して奔走し、米国から機材の調達に成功した。しかし新品は高価で予算に合わず、中古の確保にとどまった。この機材は、隅田川の永代橋の基礎を皮切りに清洲橋、言問橋、吾妻橋の基礎構築に用いられた。

ところが、震災復興が終わり、国内の他の橋梁の施工も一段落し建設需要がなくなると、

木製ケーソンの浜出し時のセレモニー

機械は廃棄される危機に直面した。しかし、各所から新技術の喪失を惜しむ声が上がり、昭和八年、大倉土木社長の門野重九郎と鹿島組社長の鹿島精一が発起人となり、二社の他に清水組、大林組、竹中工務店、間組など、そうそうたる建設会社の支援を受け、白石は前述した白石基礎工事を起業した。やがて、白石といえばケーソン、ケーソンといえば白石と言われるようになる。このような経緯からオリエンタル白石に永代橋の工事アルバムが残されていたのである。

　隅田川の船下りでは、川面に現れる永代橋の重厚なアーチ橋や清洲橋の美しい吊り橋などに目が奪われ、地中深くの基礎部分に考えを寄せることなどみじんもない。しかし施工時は、むしろ基礎工事の方が脚光を浴びていた。木造のケーソンは、蔵前にあった復興局の工場で製作され浜出しされた。この際に若槻内務大臣も出席して、あたかも新造船を思わせる盛大なセレモニーが挙行され、これをメディアは大々的に報じた。それは当時、海外から導入されたこの新技術がいかに画期的であったか、そしてこの基礎工事こそが帝都の新橋建設の成否を握ると知られていたからに他ならない。

震災復興で架けられた橋は、あと数年で百歳を迎えようとしている。人間がそうであるように、橋も長生きするには下部の基礎構造が大切である。この堅固な基礎があったからこそ、橋が永らえ、東京の物流を支え続けたのである。もしあの時、白石が欧米でニューマチックケーソン工法と出合っていなかったら、太田が同工法の採用を諦めていたなら、そして太田と白石が旧知の間柄でなかったなら、今、私たちは百年前と同じ橋を見ることはなかったであろう。時代とは、一ピースが欠けても完成しないジグソーパズルのようなものかもしれない。

4 三人の米国人
ダニエル・ヒューズ、イーアール・クラフト、ハーリー・イングランダー

前項に続いて白石多士良の話から入りたい。白石多士良を検索すると『正しいゴルフ』という本がヒットする。この本、昭和八年に発刊された日本最初のゴルフ指南書なのである。土木屋がゴルフのハウツー本？　きっと同姓同名の別の作者であろうと調べると、なんと著者は白石本人であった。白石は単にプレーを楽しむだけではなく、現在の駒沢公園にあった日本最初のゴルフ場「東京ゴルフ倶楽部」の埼玉県朝霞への移転などにも尽力していた。そもそも前項でも触れた白石基礎工事を立ち上げるきっかけも、フランク・ロイド・ライトの助手として来日し、わが国のモダニズム建築を牽引した建築家レーモンドとゴルフのプレー中に新会社設立の話で盛り上がり、プレー後に二人して大倉土木を訪ねたのが発端であった。

当時、ゴルフといえば、相当のハイソ感が

漂う。そういえば、大正七年に鉄道省を辞めた直後、小松製作所の社長に就任したということも、若い土木職の役人の再就職先の範疇ではない。実は白石の父は、帝国工科大学教授や関西鉄道社長を経て、チッソや猪苗代水力（後の東京電力の一部）など多くの会社を起業した明治を代表する実業家で、後に代議士や土木学会会長も務めた白石直治なのである。なお、直治も土木技術者で、最初は東京府に奉職して馬車鉄道を担当した。また、内閣総理大臣吉田茂は、直治の義理の弟にあたる。

白石多士良で検索すると、もう一冊本がヒットした。『追憶　白石多士良』。これは昭和三十年に白石の死を惜しんだ知人らによってまとめられたものである。前項の執筆は、この本から多くを引用させていただいた。

後日、この本を購入し、ページを進めると、白石が外国人と写っている一枚の写真に目が留まった。永代橋の基礎は、白石が仲介して米国から輸入したニューマチックケーソンで構築された。白石は機械に加え、施工を指導する米国人三人も招聘した。写真はその技術者たちであった。

昭和十七年に土木学会から出版された『明治以後本邦土木と外人』という本がある。明治初年、新政府は一日も早く欧米の先進諸国に追いつくべく、これらの国々から「お雇い外国人」と呼ばれた技術者を招聘した。土木もその例外ではなく、河川や港湾はオランダ、鉄道は英国、橋梁は英国や米国など、各分野の先進国から技術者を招聘した。この本では、

永代橋のケーソンを施工指導した３人の米国人技術者（前列左からイングランダー、ヒューズ、ひとり空けてクラフト。後列右端が白石多士良）

明治初年から戦前までに活躍した外国人技術者を分野ごとに紹介している。

橋梁では、わが国の橋梁工学の生みの親といえる米国人のJ・A・L・ワデル、北海道初のトラス橋の豊平橋を設計した米国人N・W・ホルト等と並び、前述した白石の本に写っていた三人も紹介されている。いずれもニューマチックケーソンの施工会社であるニューヨーク・ファウンデーション・カンパニーの社員で、米国人のダニエル・ヒューズ、イーアール・クラフト、ハーリー・イングランダーである。

このうちリーダーのヒューズは、

小学校すら出ておらず、技術者と呼ぶにははばかられるケーソンの底で土砂を掘削する作業員からのたたき上げ。他の二人もコロンビア大学土木工学科を出た若い無名の技術者であった。しかも彼らが指導したのは、最初にニューマチックケーソンを使用した永代橋の一橋だけで、二例目の清洲橋以降は日本人だけで施工されている。

しかし三人は、そうそうたる学者や技術者たちと肩を並べ、この本に紹介された。これは、ニューマチックケーソンの施工技術を献身的に、そして真摯に教えてくれた三人の技術者に対し、戦前の土木技術者が心から感謝し、評価していたことへの表れと思われる。さらに、この新工法がもたらした成果が、当時の土木界においていかに衝撃的であったかも物語っていると言えよう。

また、次のようなエピソードも残されている。永代橋のケーソンの施工時に事故が発生し、ケーソンが異常沈下した。ケーソンの底には、クラフトと日本人の監督員と作業員がいたが、監督員は作業員たちを残し、真っ先に地上へ避難した。一方、クラフトは全員が逃げたことやケーソンに被害がないことなどを確認すると、最後に悠然と地上に出てきた。そして監督員に対し、「長たるものは部下を先に逃がし、監督の任を果たすべき」と叱責した。それを見た作業員や職員たちは、大変感激したという。日本人は、倫理観や責任感が他国民より優れていると自負しているが、意外とそれらは明治以降にキリスト教倫理観を持つ欧米人からもたらされたのかもしれ

永代橋現場でのイングランダー（中央）

ない。

ところで、この『明治以後本邦土木と外人』の末尾では、この本をまとめた趣意が以下のように述べられている。

「我が国が現在、文化の隆昌を極めたのは、自らの技術力を高めるために、西洋の技術の長所を取り入れ、また短所は改良するなどした不断の努力の賜物であるが、我が国を指導し西洋技術の導入を援助した外国人技術者の功績は忘れてはならない。これらの功績を調べ、資料を集めて後世に伝え、長く感謝することは、国民道徳の本義であるばかりでなく、国際親善の面からも重要である」

この本が出版されたのは、昭和十七年初頭。まさしく日米開戦前夜である。反米一色であった日本において、敵国である欧米人技術者の功績を取りまとめ、感謝を述べることを趣意とする本が出版されたことなど考えられない。己の技術を顧みず、日本が世界一であると吹聴した空気の中、近代日本を作り上げた土木技術者たちは、エンジニアとして冷静かつ客観的にわが国を評価し、おごりを戒めようとしていたのではないだろうか。凄い気概である。それにしても昔の土木技術者はすごかった。

5 土木界のペテロ

釘宮　巌◉くぎみや・いわお

関東大震災の復興事業で架けられた橋の話をすると、必ず名前の挙がる土木技術者が、復興局の土木部長太田圓三と橋梁課長田中豊である。隅田川には、橋の展覧会と言われるほど多彩な構造の橋が架かるが、このグランドデザインを描いたのが太田で、詳細な構造を決め具現化していったのが田中であった。田中は、わが国で橋梁の最も権威ある賞である「土木学会田中賞」にその名を記している。

しかし、彼ら二人に肩を並べる働きをした土木技術者がいた。

大正十三年の夏、太田のもとに田中と街路課長の平山復二郎が呼ばれた。永代橋や清洲橋など隅田川の橋は、構造も決まり設計も進んで、いよいよ現場に着手する日が近づいていたが、現場工事の総責任者が決まっておらず、その人選についての相談であった。

現在の公共工事は、役所で積算して予定価

隅田川出張所（派出所）の面々　釘宮巌は前列右端（大正14年1月10日）

格を算出し、工事を請け負ったゼネコンなどが施工管理を行う。しかし当時は建設業界が十分に育っておらず、役所が直営で工事の監理監督を行っていた。このため、工事統括者には、今日のゼネコンの現場主任のように工事全体のマネジメント能力が必要であった。また、ニューマチックケーソンをはじめとする最新の輸入機械への対応や、現場の隅田川出張所は内務省、鉄道省をはじめとする様々な部署からの寄り合い所帯で、職員の大半は大学や高専を出て間もない若手であり、彼らの人事管理や育成も求められていた。このような条件のもとで、期日までに工事を完了させることは、並大抵の人材では不可能であった。そこで白羽の矢を立てたのが、彼ら三人の鉄道省時代の同僚の釘宮巌であった。

釘宮は、明治四十五年に東京帝国大学土木工学科を卒業して鉄道院に入った。最初、日豊本線など九州の鉄道建設に携わり、大正六年に異動し上越線建設に従事した。ここでの上司が太田圓三であった。その後、当時の鉄道院のエリート技術者たちがそうであったように、大正十年から十二年まで欧米に留学している。留学目的は、欧米の最新建設機械の調査。太田は釘宮と旧知の仲で、優秀さや温厚な性格を熟知していた。しかも欧米の最新の建設機械事情にも詳しいという打って付けの人材であった。太田は現場の責任者である隅田川出張所長に釘宮を任じた。

釘宮巖

その後、釘宮は、田中豊、平山復二郎、白石多士良と並び「帝都復興の四天王」と呼ばれることになる。田中は病気で休学し卒業が一年遅れたが、四人とも東大の土木工学科の同級生で、就職先も鉄道院と同じであった。さらに田中以外の三人は、一中、一高と中学以来の同級生であった。まさしく気心の知れた東大の同級生たちの連携により、現在の東京の骨格が造られていったのである。

隅田川出張所では、永代橋、清洲橋、言問橋、駒形橋、蔵前橋、相生橋の隅田川の六橋の監督を行った。特に永代橋では、日本初のニューマチックケーソンの施工を無事成し遂げ、その後の日本における同工法の発展に大きな礎となった。ケーソンの施工を指導した米国人の三人の技師からの信頼も厚く、帝都復興の看板工事を予定通り遂行した最大の功労者は釘宮であった。

　これらの工事が終了すると鉄道省に復帰し、関西本線の木曽川、揖斐（いび）川両橋梁工事の現場主任となり、鉄道工事に初めてニューマチックケーソンを導入した。この時、用いられた機材は、永代橋や言問橋の工事後、転用されたものであった。

　当時、鉄道省では、鉄道の電化が喫緊の課題であった。そこで自前の電源を確保するために、新潟県の信濃川に発電所を建設することを計画したが、省内には経験者もなく人選は難航していた。ここで再び白羽の矢が立ったのが、釘宮であった。昭和九年に信濃川電気事務所長に就任。鉄道省初のダム工事であったため、技術者は再び外部からかき集めた寄り合い所帯であったが、それらをとりまとめ無事工事を完了させた。信濃川発電所は現在でもＪＲの電力の大半を担っている。

　その頃、明治以来の懸案であった関門海峡の海底鉄道トンネルの着工が決まり、下関改良事務所が設けられることになった。この初代所長として釘宮に三度目の白羽の矢が立つことになる。日本で初めての本格的な水底トンネルであったことから、昭和十三年に渡米し、三カ月間、ハドソン河底トンネル工事現場に滞在して実地体験を積んだ。帰国後、トンネルの設計を指導し、わが国の技術者だけで海底トンネルの設計・施工を行った。この工事では門司側の地盤が軟弱であったことから、トンネルの一部にシールド工法を採用。

永代橋（中央区・江東区）

言問橋（台東区・墨田区）

駒形橋（台東区・墨田区）

清洲橋（中央区・江東区）

蔵前橋（台東区・墨田区）

相生橋（中央区・江東区）

隅田川出張所で監督した隅田川の橋の開通式

さらにセメントや薬液注入による地盤改良工法なども併用された。これらの新技術を駆使し、昭和十六年に世界初の鉄道海底トンネルを見事貫通させた。

釘宮は関門トンネルの開通を機に鉄道省を

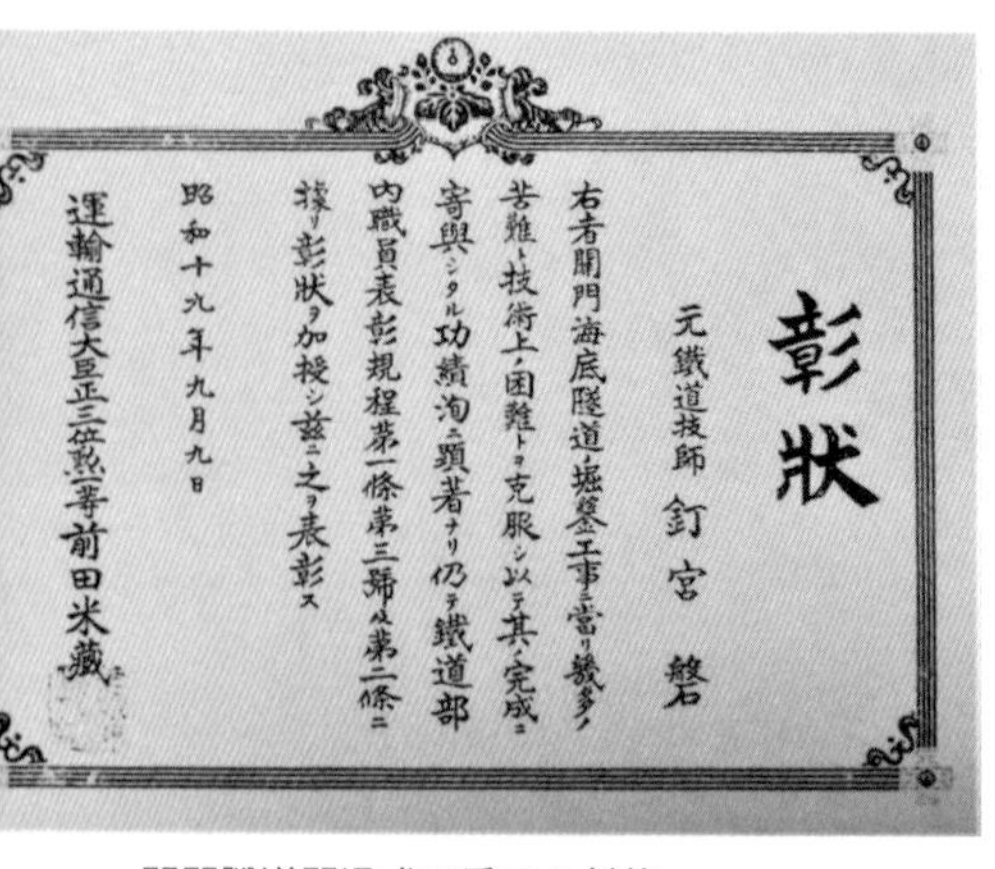

彰状

元鐵道技師 釘宮 磐

右者關門海底隧道ノ掘鑿工事ニ當リ幾多ノ苦難ト技術上ノ困難トヲ克服シ以テ其ノ完成ニ寄與シタル功績洵ニ顯著ナリ仍テ鐵道部内職員表彰規程第一條第三號及第二條ニ據リ彰状ヲ加授シ茲ニ之ヲ表彰ス

昭和十九年九月九日

運輸通信大臣正三位勲一等 前田米藏

関門隧道開通式で受けた彰状

辞し、東京帝国大学第二工学部の教授に就任した。その後、昭和二十三年に退官し、昭和三十六年七月逝去、七十四歳の生涯であった。葬儀はお茶の水のニコライ堂で行われた。これは釘宮の父がニコライ堂の神父であり、釘宮も大学時代までニコライ堂で過ごし、洗礼を受けたクリスチャンであったことによるもので、名前の「巌」とは、キリストの一番弟子であったペテロの和名であった。ペテロはイエスの死後、キリスト教布教の中心となり、やがてキリスト教は大樹に育った。釘宮が嚆矢となったニューマチックケーソンやシールド工法は、戦後、わが国の土木技術に不可欠の大樹となった。釘宮は「巌」というその名が示すように、わが国の土木にとってキリストが遣わしたペテロだったのではないだろうか。

6 橋の革命児

田中 豊◉たなか・ゆたか

橋の設計や建設に携わる技術者にとって生涯に一度は受賞したいと願う名誉ある賞に、日本土木学会から贈られる「田中賞」がある。この賞は、関東大震災の復興をはじめとしてわが国の近代橋梁の発展に尽くした田中豊博士の功績を記念し昭和四十一年に設けられたもので、橋梁技術の発展に寄与した優れた建設や論文、技術者に贈られる。

田中豊は明治二十一年に長野市に生まれた。父親の転勤に伴って、中学は静岡県立中学校（現在の静岡高校）へ進んだ。後に震災復興で直属の上司になる太田圓三は中学校の先輩にあたる。その後、第七高等学校（現鹿児島大学）、東京帝国大学土木工学科と

田中豊

進み、大正二年に鉄道院に奉職した。大学の卒業は病気で一年遅れたものの、後に復興局で震災復興を担った平山復二郎（街路課長）、白石多士良（嘱託）、釘宮巌（隅田川出張所長）は、いずれも同級生（同期入学）であった。

鉄道院では、技術部の設計担当（後に組織変更で工務局設計課）に配属になった。橋など特殊構造物の設計をする部署で、帝大出が多い鉄道省にあっても、特に優秀な技術者が集まるエリート部署であった。大正九年から二年間、田中は当時の鉄道省のエリートたちがそうであったように欧米留学を命じられた。そのうちの半分はドイツ滞在に充てられ、ベルリン工科大学で最新の橋梁工学などを学んだ。震災復興で隅田川に架けられた永代橋のタイドアーチ橋、清洲橋の自碇式吊り橋、言問橋のゲルバー鈑桁橋などの橋梁構造は、いずれもこの当時のドイツで生まれたもので、田中は最新の橋を生で見て、これらの技術を操る学者たちから直接、最先端の講義を受けたのである。このドイツ留学で得られた知見が、やがて震災復興で活かされることになった。大正十一年十一月帰国、翌年に関東大震災が発災した。この大災害が田中の人生を、そして日本の橋の有り様を大きく変えることになった。

関東大震災の発災を受けて鉄道省は「震害調査団」を立ち上げ、田中もその一員として調査に参加した。震源から五十キロメートル以上離れた東京では、地震の揺れによる落橋はなかったものの、震源に近い神奈川県や伊豆半島では多くの橋が大破していた。まだ大半が木橋であった道路橋も鉄道の鉄橋も、橋脚や橋台が崩壊し、それに伴い橋桁が崩落していた。橋脚数が多い小田原の酒匂川橋(さかわがわばし)などでは、さながらドミノ倒しを見るかのようであった。この調査結果が、鉄道省の太田や田中などの土木技術者に大地震に耐えるには強固な基礎が必要との共通認識を持たせ、やがて永代橋などの基礎構造にニューマチックケーソンを採用することへとつながった。

大正十二年十一月十日、田中は復興院橋梁課長の辞令を受けた。当初、復興院技監の直木倫太郎は、東京市役所時代に同僚であった樺島正義に橋梁課長就任を打診し内諾を得ていた。ところが土木部長に太田圓三が就任したことで、樺島は「東大で先輩の自分が部下では、太田も使い難かろう」と身を引いた。その後、太田が鉄道省の部下であった田中を推薦したが、年齢が三十五歳と若く橋梁技術者として無名であったことから、周囲では就任に異議を唱える者も多く、何より田中自身が橋の経験が浅いことから逡巡していた。悩んだ田中は、東大時代の恩師で橋梁工学の重鎮であった広井勇教授のもとを訪れ、広井に顧問就任を懇願した。しかし広井は田中の言葉を相手にせず、「橋など何でもない。落ちないようにやれ」と激励した。この一言で田中は吹っ切れた。自らの思うまま思う存分力を発揮しようと、太田の誘いを受けることを決断した。

鉄道時代の田中の仕事を追ってみたい。当時、田中が発表した論文は、橋や軌道の撓(たわ)み

碓氷峠（群馬県安中市）のアプト式ラックレール

や応力の測定など構造の基礎研究に関するものが中心。さらに信越線碓井峠のアプト式ラックレールの設計や、日本初のシールドトンネルである羽越線の折渡トンネルの設計など、わが国の鉄道や土木の革新的研究もある。ところが、特定の橋の設計に携わった形跡がない。ここから見えてくる田中の技術者像は、後の橋梁工学のエキスパートではなく、土木構造全般の基礎理論を探求する研究者というところであろうか。

しかし田中の本質は、欧米留学を経て大きく開花しようとしていた。それまで培われた土木の基礎理論の上に、留学で最新の橋梁工学という鎧を身に付け帰国したのである。歳は若く名は知られていなかったものの、まさしく橋の基礎理論から最新構造まで知る

折渡トンネル（秋田県由利本荘市）のシールド外殻の仮組み立て

国内最強の橋梁技術者の一人となっていたのである。太田はそんな田中を冷静な目で眺め、帝都復興の成否を決する橋梁事業を任せられる唯一無二の技術者として高く評価したのである。

東京市内の橋の復興は、主に新設や幹線道路の橋は復興院（局）が、その他は東京市が担った。これにより復興院に割り振られた橋は東京市内百十五橋、横浜市内三十五橋の計百五十橋に上った。

しかし、田中が任された橋梁課は、人材面で決して恵まれたと言える組織ではなかった。国内唯一の橋梁専管組織を持つ東京市橋梁課は自らの復興で手一杯、国内最大の土木技術者集団の内務省土木局は復興院立ち上げ時の軋轢から職員を派遣しなかった。四十名という課員の頭数はそろえたものの、大半は大学か高専卒業直後の二十代前半の若者という実務経験のない素人同然の集団であった。このスタッフで前述したような大量の橋を架設しなければならなかった。田中はすぐさま鉄道省から三人の部下を異動させた。その中の一人でベテランの小室親一と田中が中心となり、若手職員の指導にあたった。

田中は設計を短期間で完了させるために、それまで行われていたような、一人の技術者が構造計算から図面作成まで行うのではなく、設計の工程を分割し、例えば橋台はAが、橋脚はBが、橋桁はCがというように分業制を導入した。このようにして若手職員が作成した図面や構造計算を小室がチェックするという体制を整えた。こうすることで設計は軌道に乗り始めた。日本初の橋梁構造、世界最先端の技術に触れることができるというまたとない機会。職員のモチベーションも上がり、若い脳の知識の吸収力は旺盛で、設計の進捗が加速度的に図られるようになった。橋梁課の雰囲気は役所のそれではなく、アカデミックで活気にあふれ、さながら田中を教授とした大学の研究室のようだったという。

やがて、ここで最新の橋梁技術をたたき込まれた若き技術者たちが、復興後に全国へ巣立っていった。大正時代、全国の橋の大半は木橋で、国道でさえ「渡し」が多く存在していた。いわゆる一、二桁国道の幹線道路網が整備されたのは昭和一桁の約十年間。世界恐慌を受けての経済対策、日本版ニューディール政策の「失業対策事業」においてであった。

これにより全国各地に最新の橋が建設されたが、これを支えたのが復興事業から巣立っていった若き技術者たちであった。もし彼らがいなければ、このような旺盛な需要に応えることは、到底不可能だったに違いない。

震災復興を機に、わが国の橋梁技術は飛躍的に発展した。震災から得られた教訓として橋は不燃化が図られ、木橋から鋼鉄橋や鉄筋コンクリート橋に一新された。そして、東京帝国大学建築工学科教授の佐野利器（としたか）が唱える耐震設計「震度法」を世界で初めて設計に取り入れた。震度法は現在でも構造物の耐震設計の基本をなしている。驚くことにこの時、田中が用いた耐震強度は、戦後（阪神淡路大震災以前）の強度に比して、約六割増という大きなものであった。戦後、強度が下げられたのは、短期間に多量の橋を架けるという要望の中、より経済性が重視されたためと思われる。もし田中が採用した強度が戦後も用いられていれば、阪神淡路大震災の被害が少しは軽減されていたに違いない。

隅田川の橋梁群のうち復興局が施工したのは、永代橋、清洲橋、蔵前橋、駒形橋、言問橋の五橋である。構造は全て異なる。架橋条件に大きな差異がない中、標準構造を決めて機械的に処理した方が設計や工事も楽で工期も短かったに違いない。しかも選択した構造は必ずしも安価ではなく、もし全橋を当時、最も安価であったトラス橋で架けたなら事業費は三分の一程度で済んだと思われる。当時も全て同じ構造の橋を架けるべきという意見は多く、大抵のメディアもそれに同調した。

しかし太田や田中はそうは考えなかった。後年、田中は土木雑誌の対談で、隅田川の橋梁の構造を全て変えた理由について以下の三点を挙げている。①全て同じ形式の橋梁を架けたら、一様に老朽化して同時期に架け替えが必要になる。②地震が起きたら全て落ちてしまうリスクがある。③様々な形式の橋梁の設計や工事に携わることで、わが国の橋梁技術全体がアップする。この三点のうち、特に田中が強く意図したことは、③の「様々な構造に対応することでの技術力アップ」であろう。意図した通り、震災復興を通じてそれまで世界の三流国であった日本の橋梁技術は一躍、世界の一流国の仲間入りを果たした。そして大戦による停滞はあったものの、やがて瀬戸大橋や明石海峡大橋など世界最高の橋梁技術として結実するのである。

震災復興を契機として個々の橋の構造も大きく変わった。震災前に架けられた鉄橋の多くはトラス橋であった。これは鋼材が高価であったため、鈑桁橋などに比べ使用する鋼材量が少なくて済むトラス橋が望まれたためである。しかし田中が架けた百五十橋のうちトラス橋は一橋もなく、主桁に「鈑構造」を持つ橋が占めた。トラスは部材の一部が破断してしまうと、橋全体が崩落してしまう恐れがあることを危惧したもので、経済性より安全性や耐久性を優先させたのである。

特にこの時代、第一次世界大戦で戦闘機が登場したことで戦況は一変。田中は戦闘機による橋への空爆を大変危惧し、複数の論文に対策を記述している。永代橋のアーチをトラ

言問橋（台東区・墨田区）

ス構造（ブレストリブ）にせず、高価だが鈑構造（ソリッドリブ）にしたのも、空爆を恐れたゆえの対策であった。事実、永代橋は着弾したが、びくともしなかった。そんな設計思想が最も反映されたのが言問橋である。それまで鈑桁橋の支間長は、最大でも二十メートル程度であったのに対し、言問橋はその約三倍の五十四メートルもあった。田中が土木雑誌で「いささか大胆な設計」と記したのもうなずける、桁橋としては規格外のサイズであった。

震災復興の華といえば永代橋と清洲橋であるが、二橋の美しいフォルムを生み出すのにも田中の知識が活かされた。永代橋のようなタイドアーチ橋は、アーチの形を保持するためにアーチの下端同士をアーチタイという鋼材で結ぶ。ここには大きな「張力」が作用する。また清洲橋のような吊り橋では、吊り材に大きな「張力」が作用する。田中はこれらの箇所にデュコール鋼という特殊な鋼材を用いた。この鋼材は英国海軍が軍艦用に開発したもので、マンガンの比率を高めることで張力が一・五倍になる「高張力鋼」であった。これを軍艦に使用することで船体重量を軽くでき、ひいては機動力アップへとつながった。当時のハイテクの高級鋼材で、橋の材料として使用が許されるものではなかった。

しかし大正十二年にワシントン海軍軍縮条約が発効され、日本の軍艦保有数が制限されたことで、デュコール鋼の在庫に余裕が生じていると田中は耳にした。田中はこれを見逃さなかった。国内で唯一製造技術を持つ川崎造船所に掛け合い、二橋の材料に融通してもらったのである。これにより、世界で初めてデュコール鋼を使用した橋が誕生した。もしこの鋼材がなければ、二橋をあのように美しい外観で設計することは不可能だったろう。周囲は、土木技術者の田中が金属材料にも精通していることに驚いたという。田中のこの知識は、前述した鉄道省時代の構造の基礎研究によって培われたものだったのである。

震災復興で田中が最後に固執したことは、復興の記録を残すことであった。震災復興では、橋梁の設計や施工について膨大な資料が集められた。事業が終了すれば組織も解散し、それと共にこれらが葬られることを田中は惜しんだ。そこで橋梁課の成瀬勝武技師に橋梁の資料を整理し、出版することを命じた。成

デュコール鋼が使用された永代橋のアーチタイ

瀬の復興局での後半生は、この取りまとめに充てられることになった。復興局が建設した主だった橋を六分冊からなる『橋梁設計図集』として出版。さらに永代橋や清洲橋など主だった橋の構造計算書もまとめた。これらの図書は、橋梁を設計する技術者たちにとって最良の教科書となった。そして、前述した若い技術者たちとこれらの資料が両輪となり、昭和の橋梁建設が遂行されていったのである。

司馬遼太郎は、ある講演会で貝塚茂樹の言葉を引用し「文明人と野蛮人の違いは、後世を意識するか否かにある。野蛮人は今しか考えない」、だから「文明人は記録する」と述べている。田中は記録することの重要性を強く認識していたのだろう。記録を残したことで、復興事業は後世に橋梁技術という偉大な文明を残したのである。

大正十四年、田中は復興局に籍を置いたまま東京帝国大学土木工学科の教授に就任した。これは、東大の橋梁工学の柴田畦作教授や永山教授が相次いで病に倒れたことを受け、広井勇の推薦を受け入れたものであった。そして昭和三年三月には復興局を辞して、東大教授兼任のまま鉄道省に復帰した。鉄道省は、震災復興の功労者の田中を大臣官房研究所第四科長というポストを新設し迎え入れた。

そこで田中が任されたのが総武線の両国〜御茶ノ水駅間の設計であった。震災前、総武線の始発駅は両国駅であったが、復興計画では隅田川を越えて秋葉原を通り御茶ノ水駅に高架橋で接続するというものであった。

震災復興では、主にドイツで開発された様々な構造の橋が隅田川に架けられたが、最新構造でありながら唯一採用されなかった橋梁構造があった。オーストリアのランガー博士が考案し、橋桁をアーチ部材で補剛したランガー橋という構造である。田中は総武線の隅田川橋梁に、このランガー橋を採用した。これにより、隅田川に二十世紀初頭の世界の最新の橋梁ラインアップがそろうことになった。ランガー橋は、東京市が震災復興で築地市場の入口に架けた海幸橋が国内最初の事例であったが、この橋は橋長が二十七メートルと短い実験的なものであった。それに対して総武線の隅田川橋梁は、橋長百七十二メートル、支間長九十七メートルと世界的規模の本格的なランガー橋であった。

この時、完成した総武線には、隅田川橋梁

総武線隅田川橋梁（中央区・墨田区）

以外にも見どころが多い。浅草橋駅から御茶ノ水駅間の連続鉄筋コンクリートアーチ橋や、鉄道初のタイドアーチ橋で天空に虹を描くような雄大なアーチ橋の秋葉原の松住町架道橋、それに隣接するスレンダーな鋼鉄製の橋桁が印象的な神田川橋梁など、構造的にも景観的にも素晴らしい橋が目白押しである。しかし、田中がこの事業で会心の作と思う橋はこれらの橋ではなかった。

後年、田中を継いで東大教授になった平井敦は、「先生が関わられた橋で最高傑作と思う橋は何ですか」と尋ねた。平井は永代橋か清洲橋との答えを予想していたが、意外な名が返って来た。「昭和通りのプレートガーダー橋（鋼鈑桁橋）が俺は傑作だと思うが、君はどう思う？」。秋葉原駅のすぐ東側で総武線が昭和通りをまたいで架かる昭和橋架道橋。長さ四十四メートルの単純鋼鈑桁橋の平凡な橋である。しかし、この橋が架けられた昭和初期、この橋は決して平凡な橋ではなかった。一径間の桁橋では国内最長、世界でも屈指の規模を誇っていた。当時、四十四メートルの一径間の橋を架けるのであれば、トラス橋かアーチ橋が一般的。桁橋で架けるという発想自体がなかった。戸惑う平井に田中はさらに続けた。「これが僕の狙う未来の橋に通じると思う」。前述した言問橋と同様、将来は桁橋が橋梁の主流を占めると田中は予測していた。その予測は的中。

現在は、架設される橋のほとんどを桁橋が占める。私たちも橋といえばまず桁橋をイメージするが、それはこの時代の田中によって導かれたのである。

　さらに、浅草の東武線の隅田川橋梁も田中

開通直後の昭和橋架道橋（千代田区）

東武線隅田川橋梁（台東区・墨田区）

の指導で生まれた。田中には珍しくトラス橋を用いたが、これは私鉄ゆえの建設費の問題からだったという。当時、トラス橋は鉄材が橋上での眺望を阻害し、まるで檻の中にいるようだと利用者の評判は芳しくなかった。これに対し田中は、トラス橋では珍しい中路式構造を採用し、上弦材を車窓の下にくるように収めた。これにより、車窓からは隅田川の眺望が楽しめ、乗客からは好評を博したという。このトラス橋は、詳しくは中路式ゲルバートラス橋という構造で、特殊なヒンジ構造が用いられている。戦後、東大の田中の研究室を訪れた米軍の技術将校たちは、この橋に用いられた欧米にもない独特なヒンジ構造に感心し、田中に懇願してその図面を持ち帰ったという。田中の達した技術力が、いかに高かったかを伝える逸話である。
　この時代に田中は、三径間連続トラス橋の高徳線吉野川橋梁、メラン式鉄骨コンクリートアーチ橋の米坂線眼鏡橋、溶接による鈑桁補強を施した奥羽本線の檜山川橋梁など、いずれも日本初という橋梁を次から次へと発表した。しかし東大の授業に専念するために、昭和八年九月に鉄道省を退官した。

高徳線吉野川橋梁（徳島県徳島市）

米坂線眼鏡橋（新潟県魚沼市）

　田中の活躍の場は、鉄道にとどまらず全国各地の道路橋にも及んだ。震災復興の後を追うように、大阪市では都市計画事業で多くの鋼鉄橋やコンクリート橋を架けた。田中はこの技術顧問となり指導を行った。さらに、昭和八年の室戸台風で多くの橋が流出した岡山県でも技術顧問を務め、高梁（たかはし）

開通直後の田端大橋（北区）

川などの橋の復興を指導した。

東京では、田端駅前の田端大橋も田中の指導で架設された。復帰した鉄道省や東大で、田中が最も力を注いだ研究が「溶接」であった。当時は鋼鉄の橋の組み立てにリベットという鋲を用いていた。この代わりに溶接を用いれば橋の重さを軽減し、複雑な形状や構造にも対応できたが、安全かつ確実に施工することが難しく、欧米各国の技術者が技術確立に向けしのぎを削っていた。そんな中、昭和十年に橋長百三十六メートルの世界最大の溶接橋として架設されたのが、田端大橋（現田端ふれあい橋）であった。東京府道であったが山手線上に架けるということで、田中の指導により鉄道省で設計し架設が行われた。この世界最先端をいく橋の完成は、明治以来、欧米の橋梁技術を追いかけてきた日本にとって、一瞬だが世界をとらえた瞬間であった。

このように田中が指導した数多の橋の中で、私が最も好きなのが新潟市の萬代橋である。この橋は昭和四年に開通した六連の鉄筋コンクリートアーチ橋で、橋の側面には花崗岩が貼られ、石造アーチ橋を彷彿させる重厚なたたずまいをみせる。信濃川河口の軟弱地盤に建設するため、基礎には永代橋などで使用されたニューマチックケーソン工法が用いられた。多くの市民が新潟市のシンボルとして誇りにする名橋で、平成十六年には国指定の重要文化財に指定された。この橋の評価を高めたのが、昭和三十九年六月に新潟市を襲った新潟地震であった。同月に開通したばかりの昭和橋は落橋。戦後に架けられた他の橋も大破し通行止めになる中、戦前に架けられた萬代橋は耐え抜き、新潟市民の復興を支えた。この萬代橋の堅牢さは、多くの市民に強い感銘を与えた。今でも萬代橋への敬慕の念を抱く市民が多いのは、この時の話が語り継がれているからであろう。

昭和二十三年、田中は東京大学を定年退官した。二十四年間に渡り橋梁工学の講座を担当し、多くの優秀な技術者や学者を世に送り出した。退官後は、橋梁メーカーの横河橋梁製作所（現横河ブリッジ）の相談役を務めた。この間も、戦後日本の橋梁プロジェクトのさきがけとなる日本最大のアーチ橋の西海橋（長崎県佐世保市）、国内初の長大吊り橋の若戸大橋（北九州市）、国内初のローゼ橋の住吉橋（広島市）、東海道新幹線建設などの指

萬代橋（新潟県新潟市）

導を行った。また、昭和三十六年に本州四国連絡橋技術調査委員会が立ち上がると、田中はその初代委員長に就任した。田中の人生、経歴は、まさしくわが国の橋梁の近代史に符合するものであった。

田中にとって最後の仕事となったのは、皇居の二重橋の架け替え工事であった。二重橋というと、大抵の人は二連の石造アーチ橋を思い浮かべるが、本当の二重橋はその奥に架かる鋼鉄製のアーチ橋である。この箇所は堀が深いために、江戸時代には橋桁の上に橋脚を建て、さらにその上に橋桁を渡した二階建ての橋が架けられていた。このため二重橋と呼ばれた。正式名称は皇居正門鉄橋である。架け替え前の橋は、明治二十一年にドイツのハーコート社に発注して架けられた錬鉄製のアーチ橋で、架設からすでに七十年が経過し、老朽化が心配されていた。昭和天皇もこのことを危惧され、橋の耐荷力について田中に直接御下問されたことがあった。さらに皇居新宮殿造営のために工事用の重車両が通行する必要が生じたこともあり、架け替えが決まった。橋の設計は田中の指導のもと、平井東大教授らにより進められ、昭和三十八年五月に工事に着手した。工事は間組がわずか百円で落札し話題となり、そのもとで橋桁の製作と架設は横河橋梁が行った。そして、昭和三十九年五月二十八日に工事は無事完了した。

その日、田中は橋の傍らで工事の完成を喜び、そして工事関係者たちをねぎらい、嚙みしめるように静かに語った。「僕の一生は古い二重橋と一緒だ。生まれた頃、丁度二重橋が鉄橋として架けられたのだから」。二重橋と田中は、いずれも明治二十一年生まれであった。それから三カ月後、田中は毎年避暑に訪れていた軽井沢の別荘で倒れ不帰の人となった。最後の大役を果たし、二重橋を自らの一生に重ね合わせ、自らの命運を知り得ていたかのような最期であった。

震災復興前と後で、わが国の橋梁は一変した。まさしく橋梁界における革命であった。これを主導した田中豊は当時三十五歳、橋梁課の職員の大半は二十代。既成概念やしがらみのない若者たちだったからこそ、成し得た業績だったと言えよう。

わが国の歴史において唯一の革命と言える明治維新も、三十代前半や二十代の若者たちによってなされた。激動の時代にあっては、

皇居正門鉄橋（二重橋）

年配者の経験よりも、新しい時代を創ろうという若者たちの思いこそが、大きなエネルギーとなる。コロナ禍において、わが国の社会や技術が世界から大きく遅れていることが目の当たりになった。世界はかつてないスピードで変わろうとしている。今こそ若者たちが立ちあがり、時代を動かす時ではないだろうか。

7 五反田の跨線橋

谷井陽之助◉やつい・ようのすけ

五反田駅で降りたことは、私の人生で片手に余るほどで、山手線の中で最も縁遠い駅の一つであった。しかし令和二年、娘が五反田に引っ越したのを機に一転、利用することが多くなった。そこで気になったのが、JR五反田駅のホームをまたいで設置されている東急池上線の五反田駅。より詳しく言えば、その駅舎を支えている武骨な鋼鉄製のラーメン橋の「五反田駅跨線橋（こせんきょう）」である。

鉄道の上空に橋を架ける場合、工事は電車の運行を考慮し、夜間の電気を止めた時間に行われる。一日の作業時間は、わずか一〜二時間程度。このため工事期間は延び、ひいては工事費も高くなる。さらに線路上に架けるため物理的制約条件も多く、工事の難易度も格段に上がる。池上線にとって五反田は始発駅である。なぜJRの西側で止めずに、わざわざJRの上まで伸ばして駅を設けたのだ

現在の五反田駅跨線橋（品川区）

ろうか。

先日、鉄道総合技術研究所の小野田滋氏にこの疑問をぶつけたら、すぐに明確な回答をいただいた。さすが「ブラタモリ」の常連、鉄道の生き字引である。当時、池上線は白金まで延伸し、品川から都心方面への延伸を目論む京浜急行と接続させる計画があったという。しかし、池上線は延伸されることはなかった。五反田駅跨線橋は、池上線の都心延伸への思いが詰まった記念碑だったのである。

鋼鉄製のラーメン橋は全国的に事例が少なく、この池上線の橋が鉄道橋として全国で初めての施工例であった。さらに隣接して架かる橋の橋脚は、細い鉄骨を組み上げたトレッスル橋脚。こちらも国内にわずか九例しかないという珍品である。かつてＪＲ山陰本線の余部（あまるべ）鉄橋に用いられていたのと同じ構造と言えば、思い当たる方も多いと思う。五反田は橋マニアや鉄道マニアにとって、実に魅力的なスポットなのである。

この五反田の鉄橋は、昭和三年に橋梁メーカーの東京鉄骨橋梁製作所（現日本ファブテック）により施工された。同社にとって記念すべき第一号橋梁にあたる。同社はもともと大正三年に清水組（現在の清水建設）の鉄工部門として発足した。清水組社長の清水釘吉は関東大震災を踏まえて、不燃の鉄筋コンクリートや鋼鉄製の橋梁などの需要が増すとにらんだ。そこで、昭和三年に東京鉄骨橋梁製作所を設立。その際、東京市橋梁課長の谷井陽之助を技師長兼工場長として招聘した。池上線のラーメン橋とトレッスル橋脚は、この谷井が設計したのである。当時、橋梁メーカーは橋の製作や架設を請け負うだけで、設計は専ら役所の技術者が担っていた。このため設計のノウハウを知る技術者を欲していた。

この時の谷井の年齢は三十六歳。いわゆる天下りの年齢ではない。しかも当時は官と民では、社会的地位に大きな差があった。なぜ谷井は転職したのだろうか。私は二つの理由があったと考えている。震災復興で東京市内のほとんどの橋はリニューアルされ、東京市内の橋の新設や架け替えは、大幅に減少すると予想されていた。谷井は生粋の橋の

谷井陽之助

開通時の五反田駅跨線橋

技術者であり、橋で勝負できる新天地を求めたのではないだろうか。そしてもう一つは、震災復興事業の収束によってあふれた市の技術者たちの受け皿を作ることにあったと思う。やがて東京市の職員が多く再就職したことで、同社は市の外郭団体のような状況を呈したという。そして、これにより同社は短期間で急速に橋梁技術をアップさせたのである。

谷井は明治二十五年に和歌山に生まれ、大正五年に九州帝国大学土木工学科を卒業して東京市に入り橋梁課に配属になった。この時の橋梁課長は樺島正義。番頭格にあたる技師には花房周太郎がいた。樺島は米国留学から帰国し欧米の最新の橋梁技術を持ち帰り、新大橋、鍛治橋、呉服橋など欧米の都市に引けを取らない美しい橋を次々に発表していた。

花房は樺島の下で、これらの橋の構造計算や図面作成などの実施設計を行い、その技術力は高く評価され、樺島、米国留学から帰国し橋梁設計事務所を興した増田淳と並び橋梁界の三羽烏に数えられていた。東京市橋梁課には、国内の橋梁技術者のベスト三のうち二人がいるという、橋の技術を極めたい者にとっては最高の環境にあった。谷井はこの環境下で力をつけ、大正八年には樺島、花房につぐ技師に昇格した。代表作は日本橋川に架けた一石橋（いちこくばし）。構造は二連の鉄筋コンクリートアーチ橋で、側面には花崗岩を貼って石造アーチ橋に模していた。上下流にはいずれも石造アーチ橋の常磐橋や日本橋があり、これらと景観的な調和を図ったと思われる。四隅にはオベリスクのような花崗岩製の巨大な親柱を配した。橋は平成十年に架け替えられたが、親柱の一基は現在も橋詰めに残されている。

大正十年に樺島が東京市を退職し、後継の花房周太郎も直後に病に倒れ休職。谷井は当時の市の組織で橋梁事業のトップにあたる設計掛長に昇格した。大正十二年五月、谷井は八カ月間の予定で欧米の橋梁視察に出発した。米国、英国、仏国と回り、九月三日にローマで関東大震災の発災を知った。これを受け急きょ帰国の途に就いた。

関東大震災で東京市内の被災した橋は約四百橋。帰国後、谷井は休む間もなく復興の陣頭に立った。欧米視察で得た経験が、さっそく活かされることになった。大正十四年二月、土木学会で帰国講演会が開催された。演題は「欧米に於ける市街橋雑感」。この議事録から、

一石橋（撤去　中央区）

谷井が欧米視察で得たことや震災復興の橋に求めたものが見えてくる。

「橋は一種の芸術品であると感じておりましたが、欧米の視察を経て、更に深く感じて帰りました。…中略…橋自身が堂々たるものであっても、背景と調和しなければ価値はなくなります。…中略…仏国リヨンのローヌ川には多くのアーチ橋が架けられています。これらは個々には落ち着いた良い橋です。しかし、同じ形の橋が続き、ダメを押されているようで、良い気持ちはしません。変化が少なく、何だか既製品のように思えて、折角の橋がしまいには、安っぽく感じられます。今度の東京市のように、一度に沢山の橋を架ける場合には、特に考えなければならないと思います。…中略…橋に装飾が必要と言ってもゴテゴテ

厩橋（昭和30年頃　台東区・墨田区）

と飾り付けるという意味ではありません。橋の外観は装飾によって支配されるものではなく、橋全体の形によることが多いのです」

隅田川の橋梁群は橋の展覧会に例えられ、多種多様な美しい橋が架かる。これらの多くは震災復興で、国の組織である復興局と東京市によって築かれた。復興局橋梁課長の田中豊は、橋梁技術の発展のためには、多種多様な橋に関わることが重要と考えた。また谷井も、都市景観の上から多種多様な橋を架けるべきと考えていた。復興局と東京市いずれの橋梁事業のトップも、多種多様な橋を架けることを良しとしていたのである。だからこそ今日の隅田川の橋梁群が生まれたのである。そして橋の美は、欄干や親柱などの装飾に頼るのではなく、橋自身が造り出す構造美にこ

開通直後の錦橋（千代田区）

開通直後の新永久橋（撤去　中央区）

そあると考えた。これも二人に共通した認識であった。
谷井は、厩橋（うまやばし）の設計を自ら行うとともに橋梁課職員を指導して、市内の河川や運河にも多彩な構造の橋を架けた。鉄筋コンクリートバランストアーチ橋の錦橋、鋼ラーメン橋の外苑橋、鋼ランガー橋の海幸橋、鋼中路式アーチ橋の新永久橋など、いずれも世界最先端で国内初となる施工であった。これらもまた欧米視察で得られた成果であった。もし谷井が欧米視察を行っていなかったら、震災復興の橋景色は違うものになっていただろう。それはきっと良い方にではなく悪い方にであるが。

昭和の終わりから平成の初めにかけて、バブル経済でジャパン・アズ・ナンバーワンとわが世の春を謳歌し、他を顧みなくなった時から、この国の長い停滞は始まった。橋梁技術で見てみると、ヨーロッパでは現代彫刻のような美しいデザインの橋が次々発表され、アーチ橋、斜張橋は中国、吊り橋は韓国が世界最長の座に座り、日本だけ取り残された感がある。しかし、いまだに二十年以上前の瀬戸大橋や明石大橋の栄光に浸っている。

これは決して橋の世界だけのことではないであろう。コロナ禍にあって、ＩＴ技術もＰＣＲやワクチンなどの医療技術も、欧米や中韓などから大きく遅れを取っていることが白日の下にさらされた。しかし欧米に比べ死亡者も少なく、感染も早期に収束しそうになると、日本人の清潔で規律正しい国民性こそが感染の拡大した欧米との違いであるなどと自画自賛する論調があふれるようになった。文明とは、このような精神論ではなく、サイエンスやテクノロジーにこそ支えられるものではないだろうか。

コロナ後、世界は大きく変わるだろう。日本が引き続き先進諸国の一角を占められるか否か、今が正念場だと思う。谷井が、そして同時代の日本人が、先進諸国から素直に技術を学び、この国がまだ劣等感と謙虚さを持っていた頃に、もう一度立ち戻る必要があるのではないだろうか。

8 樺島正義の最後の愛弟子

小池啓吉◉こいけ・けいきち

土木学会が、昭和五十六年に戦前の優れた土木工学の百冊を選定した「戦前土木名著100書」。この中に一冊だけ、東京市橋梁課に在籍した職員によって書かれた本がある。『小池橋梁工学一巻～三巻』。昭和七～十二年にかけて出版されたこの本は、戦前に七版まで版を重ね、戦後も改訂版が出版されるなど、多くの技術者や学生に愛読された。本を著したのは、震災復興時に橋梁課設計掛長を務めた小池啓吉であった。

小池は明治二十八年、富山県高岡市に関与平の四男として生まれた。後に長兄の与三郎は早稲田大学文学部教授に、すぐ上の兄の幾久治は東京帝国大学医学部を卒業し医

小池啓吉

神宮橋（渋谷区　撤去）

師に、弟の栄吉は一橋大学教授になるという優秀な兄弟に囲まれて育った。その後、医師の小池恭の養子になるが、化学が不得意であったため医師への道を諦め土木への道を歩んだという。大正二年に金沢の第四高等学校、大正五年に東京帝国大学土木工学科に進学。そして大正八年に東京市橋梁課に入った。

当時の東京市橋梁課は、国内の橋梁技術者三羽烏のうち樺島正義課長と花房周太郎設計掛長の二人が在籍する、橋梁技術者にとって垂涎（すいぜん）の職場であった。新大橋、鍛治橋（かじばし）、四谷見附橋など、橋梁技術をリードする橋を相次いで建設。国内の橋梁技術者たちの技術的な関心は、この課の動向に注がれていた。

小池が最初に担当した橋は、原宿駅前の明治神宮の入口に架かる神宮橋。設計は樺島が

京橋（中央区　撤去）

行い、小池は工事監督を命じられた。樺島は山手線をまたぐ神宮橋の設計コンセプトとして「橋を渡っているのを感じさせない橋」を掲げた。表参道から神宮まで途絶えることなく真っすぐに続く動線。これを大切にしたのだ。橋の存在を感じさせぬように、橋上には松などの植栽が施された。花崗岩製の重厚な欄干と灯篭を思わせる巨大な親柱。橋上はさながら厳かな日本庭園のたたずまいであった。それ以前の日本の橋にはない斬新な設計。大学出たての小池に強力なインパクトを与えたことは想像に難くない。

次に小池が担当したのは京橋であった。京橋は明治三十四年に橋長三十八メートル、幅員十八メートルの鋼鉄製のアーチ橋で架けられたが、その後に東京市区改正（都市計画）

で幅員が二十七メートルと定められたため、既存の橋を九メートルほど拡幅する必要が生じていた。小池は、既存のアーチ橋の両側に幅四・五メートルずつのアーチ橋を架け、外観は同一のアーチ橋に見えるよう設計を行った。その際に木造の床を鉄筋コンクリート造に改良し、併せてそれまでの擬宝珠（ぎぼうし）付きの石造の親柱と欄干を、鋼鉄製の橋に合うよう西欧風のデザインに改めた。京橋は昭和四十年に川が埋め立てられ撤去されたが、この親柱は橋が架かっていた中央通り沿いに保存されている。

樺島は大正十年に東京市を去り、小池はそれと入れ替わるように技師に昇格した。そして担当したのは、今も神田川に架かる昌平橋の設計であった。木造橋から鉄筋コンクリートアーチ橋への架け替え。橋の側面には石造アーチ橋を模して花崗岩を貼り、橋の四隅には巨大な親柱を配した。開通は大正十二年の七月であった。工事監督に始まり、橋の拡幅設計、そして新橋の設計。小池は橋梁技術者として順調にキャリアを積んでいった。しかし開通の喜びの余韻に浸る間もなく、その二カ月後に関東大震災を迎えた。

意外と思われるかもしれないが、東京市内では地震の揺れが原因で崩落した橋は皆無であった。しかし、市内の大半の橋は木橋だったために火災で多くが焼け落ちた。また鉄橋であっても、樺島以前に設計された橋は、床が木造であったことから延焼し通行不能に陥った。その数は合わせて三百五十橋にも上った。

昌平橋（千代田区）

この時、橋梁課長だった花房は病気で療養中、加えて設計掛長の谷井陽之助は欧米の橋の視察で不在。東京市内の橋の応急復旧は、入って五年目の小池らに委ねられたのである。東京市内の交通が全てクラッシュした状況下、小池が受けた重圧感は凄まじいものだったと思う。

橋の復旧は地震の三日後の九月四日から、工兵隊と市の職員により架橋班を二十四班編成し進められた。仮橋はとりあえず幅九尺で渡し、その後に順を追って二十四尺まで拡幅した。このようにして、翌年三月までに二百五十三橋の仮橋を完成させた。

翌大正十三年、小池は橋梁課の第二設計掛長に昇格し、谷井橋梁課長のもと、橋の復興の中心的役割を担った。東京市が隅田川に架

開通直後の吾妻橋（台東区・墨田区）

けた橋は、吾妻橋、厩橋、両国橋の三橋であるが、小池はそのいずれの設計にも携わった。その中でも最も深く関与したのが、三径間の上路式アーチ橋の吾妻橋であった。ニューマチックケーソン工法を応用し、明治時代に架けられた旧橋の基礎を壊しながら同じ場所に新橋の基礎を構築するという、国内初、震災復興一困難な施工法を設計に盛り込んだ。そして同橋の昭和五年の開通式では、小池自ら永田市長のテープカットの介添え役を務めた。

他に小池が設計した橋で特筆すべきは、神田川に架かるお茶の水橋である。小池の上司であった谷井が設計した五反田駅跨線橋と並び、戦前に架けられたわが国の二大ラーメン橋に数えられる。お茶の水橋の下流にはコンクリートアーチ橋の聖橋が架かる。小池がお

お茶の水橋（千代田区・文京区）

茶の水橋の設計を開始した頃、すでに復興局は聖橋をアーチ橋で架けることを決めており、事務所には聖橋の模型が飾られていた。小池はこの模型を眺めながら、お茶の水橋の構想を練った。そして下した結論は「曲線的で重厚なアーチ橋の聖橋と景観的に調和するには、軽やかで直線的な橋が良い」であった。ラーメン構造が作り出す直線的なフォルムは、下流に架かるアーチ橋の聖橋と対をなし、隅田川の永代橋、清洲橋と双璧をなすベストマッチのペア橋梁である。設計にあたって小池は、国内に鋼鉄製のラーメン橋の施工実例がなかったため、いきなり大型橋梁のお茶の水橋で用いることに不安を感じた。そこで前段として外苑橋をサイズの小さいラーメン橋で建設し、その際に得られた様々な教訓をお茶の水橋の設計や工事に反映させた。これらの経験が後年のラーメン橋の建設に大きな示唆を与えたことは、述べるまでもない。

東京の橋の復興は、昭和七年五月十六日の両国橋の開通式で完了した。そして同年十月、小池は病気を理由に東京市を依願退職した。東京市在職十二年五カ月。そのほとんどを橋の復興に捧げた市役所人生であった。震災復興を駆け抜け、心身ともに疲れきっていたことであろう。その一方、東京市の大半の橋はリニューアルされ、市に在籍しても橋に関する仕事は多く残されていないことも承知していた。それらの想いが重なり小池は空虚感に覆われていた。

翌昭和八年二月、小池は内務省に入り、生まれ故郷の富山県に赴任し、土木課に配属された。当時の技術者の履歴を追ってみると、生涯を一つの職場で終えた者は少ない。優秀な技術者は限られており、求められる職場へと転職するケースが多かった。それは役人も例外ではなかった。富山県では、神通川に県下最大の富山大橋の架設を計画しており、橋に精通した技術者を探していた。それが、心身を癒す一方で橋を架けたいと葛藤する小池の思いに合致したのであろう。小池は土木課技師として橋の設計を主導し、昭和十一年、当時、国内最大規模（橋長四百七十メートル）の鋼鈑桁橋であった富山大橋を完成させた。この橋は、現在の橋に架け替わる平成二十四年まで約八十年間に渡って、小池のふるさと富山のシンボルであり続けた。まさしく故郷に錦を飾ったのである。

富山大橋（富山県富山市　撤去）

その後、昭和十二年に兵庫県工営課長、昭和十四年栃木県土木課長、昭和十九年宮城県土木部長などを歴任した。しかし戦中ということもあり、再び大きな橋の工事に関わることはなかった。

小池は、晩年の昭和四十年に土木学会誌に『京橋の思い出』という随筆を寄稿している。時代は高度経済成長期。東京の街をはり巡らしていた運河は次々に埋め立てられ、橋も撤去されていった。京橋川も首都高に姿を変え、小池が心血を注いだ京橋も撤去されつつあった。そんな状況を見ながら、小池は文の最後をこう結んでいる。「故人になられた、米元晋一さん、花房周太郎さん、樺島正義さんに相済まない気がしてならない。諸氏はこれらの橋を例にして、色々なことを我々に指導してくださった。私はこれらの橋に諸氏の念妄が宿っているものと信ずる。後世の人々が簡単にこれらの橋を破壊したり、き損したりすることは、よほど謹んで貰いたいような気がしてならない」。

戦前の技術者は、一つの橋を設計するにも、単に工事費が安いというだけではなく、様々なものに気を使い多くの工夫を施していた。この橋にはこの構造を試してみよう、景観上どのようなデザインが合うだろうか、だったらこの建築様式、親柱や欄干はこうデザインしていこう。小池が樺島たちから学び、お茶の水橋など多くの橋で実践したように、それらを皆が実践してきた。そのように力を注いだ橋が撤去され、景観性を考慮しない経済性だけを優先させた心の通わない構造物に取って代わられること、それを小池は看過できなかったのだと思う。

昭和五十五年、小池らが力を注いだ橋がまた一つ姿を消そうとしていた。原宿の神宮橋である。建設後六十年が経ち、老朽化から架け替えられることになったのである。しかし、一人の技術者が動いた。建設局道路建設部の橋梁工事係長の平原勲である。

平原は「神宮橋の花崗岩製の親柱や欄干のデザインは素晴らしい。新橋にも引き続き使えないものだろうか」と考えた。特に平原の心を動かしたのは、石工の棟梁から「灯篭風の親柱に施された細工は、現代の職人では作れない」と聞いたことだった。平原は自らの案を別所正彦建設局長と町田義治道路監に説明した。この二人は、歴代の建設局幹部の中

現在の神宮橋（親柱や欄干は、旧橋のものが再利用された）

にあって「最も厳しかった」と今でも語り継がれる上司。平原は了解を得ることは一筋縄ではいかないと覚悟したが、意外にも二人とも快諾だった。良いインフラを後世に残すこと、それに二人とも異存はなく、むしろ若い平原の背中を押した。建設局内の合意は得た。

しかし、さらなる壁があった。高度経済成長期以降、短期間で多くの橋を架けるという命題のもと、親柱や欄干などは、安価で手間のかからない既製品の使用が定着していた。さらに都では、道路整備に消極的な革新都政やその後の財政難の中、そのような考えは顕著であった。石造の親柱と欄干を一度撤去し、表面を磨き直して再設置するという平原の案は、既製品を使用するよりかなり高額だったのである。壁は予算を所掌する主計部であった。そもそも、土木構造物に「景観」や「デザイン」という概念自体が存在しなかった。平原は、生活文化局が優れた公共デザインに補助金を出す「文化とデザイン事業」を創設すると耳にし、アップグレード分をそこから支出させる段取りを取り付けた。ついに、花崗岩製の親柱と欄干は、新橋に再利用されることが決まった。この時の平原の才覚や頑張りがあったからこそ、今、私たちは樺島や小池が造った名橋の一端を見ることができるのである。工事が完成すると、新しい神宮橋に蘇った重厚で美しい親柱や欄干は評判を呼んだ。

この話には後日談がある。他の橋に比べ神宮橋の装飾は際立っていた。当時は神教と政治の分離が今以上に強く言われていた時代。地鎮祭などの神色は、橋や道路の起工式から一掃されていた。そんな折、ある都議会議員が明治神宮の表玄関に架かる橋であるから、何らかの政治力が働き建設局が忖度したのではないかと疑い、町田道路監に質問した。「神宮橋の裏には何があるんだ?」。町田道路監はひるまず答えた。「神宮橋の裏?　私には森しか見えませんが」。しゃれた切り返し。議員は矛先を収めたという。こんな肝の据わった役人もいなくなった。

やがて、都ではこの神宮橋が発端となって、土木構造物のデザイン事業への道が開かれたのである。さぞかし小池啓吉も草葉の陰で喜んでくれたと思う。

9 東京市橋梁課の絶対エース

滝尾達也◉たきお・たつや

東京都で代々、橋の建設に関わった職員による親睦会に「橋の会」がある。以前は現役の職員も参加していたが、現在ではＯＢだけで構成されている。私も昨春に都を卒業し、末席に加えさせていただいた。会の歴史は古く昭和四年まで遡る。当時、都の前身の東京市には、橋梁専管の橋梁課という組織があった。時あたかも震災復興で、東京市が架けた橋は八年間で五百橋。この間、課の職員は最大百名を数え、全国最大の橋梁技術者集団となっていた。東京市橋梁課は、明治四十一年に誕生した。初代課長は、米国留学から帰国し、わが国の橋梁界に革命をもたらした樺島正義。会設立時には、この樺島をはじめ震災復興時の課長の谷井陽之助と現役の橋梁課職員など十人ほどで構成されていた。土木雑誌『エンジニア』には、この会の座談の様子が五回に渡って連載された。これからも、いかに東京市橋梁課の技術者たちの動向が、土木業界において注目されていたかをうかがい知ることができる。

現在は橋の設計は、役所から橋梁コンサルタントという設計会社に委託されるが、戦前は役所の技術者が直営で行っていた。パソコンもない時代、橋の設計には高い技術力が必要であった。橋梁イコール優秀な土木技術者という時代で、ひいては幹部へ昇進する職員も多かった。東京でその王道を歩んだのが滝尾達也であった。滝尾は明治三十年に東京に生まれ、大正十一年に東京帝国大学土木工学科を卒業して東京市橋梁課に奉職した。樺島正義は前年に東京市を去って、その後継の花房周太郎は病気療養中。橋の技術陣トップは設計掛長の谷井陽之助であった。滝尾は翌年には早くも技師に昇格し、東京市の橋梁設計陣の中枢に座った。その年の九月、関東大震災が東京を襲った。

滝尾達也

震災復興で東京市は、隅田川に吾妻橋、厩橋、両国橋の三橋を架けた。滝尾は復興事業の花形であるこれら三橋の設計に携わった。そのうちでも特に深く関わったのが両国橋であった。明治三十七年に架けられた両国橋は、震災でも被害が軽微であったことから、当初の復興計画では架け替えリストから除外されていた。ところが、昭和三年に岡部三郎が内務省から東京市橋梁課長に着任すると状況は

開通直後の両国橋（中央区・墨田区）

一転した。岡部は、両国橋の幅員が前後の道路に比べ狭いことから、後々交通のボトルネックになることを危惧し、架け替えを国にねじ込んだのである。

しかし時はすでに復興の終盤で、復興予算は底をつきかけていた。さらに設計したところ、橋桁の高さは以前より二メートルほど高くなり、つられて道路の高さも上がり、再建されたばかりの沿道の家々に出入りできなくなると分かったのである。

滝尾は、旧橋の橋脚や基礎を補強して再利用することで工事費の縮減を試みた。さらに道路の高さを上げないために、橋桁をできるだけ薄くする二つの対策を試みた。橋桁が中央にいくほど薄くなる「変断面桁」の使用と、引っ張りや曲げに強い「高張力鋼」の使用であった。これらの対策で設計は複雑になったが、橋桁は薄くでき道路の嵩上げを抑えることができた。両国橋は、当時の最新技術を可能な限り使った、滝尾の苦労がいっぱい詰まった作品なのである。

震災復興が一段落すると橋の新設や架け替えが大幅に減少し、昭和八年に橋梁課は河川課に吸収されて、滝尾もこの組織の一員となった。ここで滝尾は、勝鬨橋(かちどきばし)の設計を設計掛長として主導した。勝鬨橋の中央部は橋桁がハの字に開く跳開式(ちょうかいしき)可動橋で、市電を通す計画があった。このため、橋の中央部の橋桁と橋桁の継ぎ目でレールが途切れないように、橋桁が閉じると後方からレールが電動で延びてくる仕組みを考案した。これは欧米にもなかったもので、滝尾の名で特許が出願された。

昭和十五年六月、勝鬨橋開通を機に橋梁課が七年振りに復活し、滝尾は橋梁課長に就任した。しかし戦況の悪化により、ほとんどの事業が休止に追い込まれ、昭和十七年に再び橋梁課の名称は姿を消した。昭和十八年、東京市と東京府が合併して東京都となり、滝尾は計画局道路課技官となった。そして昭和二十一年には、計画局から現名称の建設局に改名され滝尾は道路課長に就任。しかし戦災の傷は深くかつ予算も乏しく、橋梁事業は戦時に供出された欄干の復旧に明け暮れ、その数は五百橋にも上った。

そんな潮目が変わったのは、皮肉にも災害が契機であった。昭和二十二年九月、カスリーン台風が首都圏を襲った。埼玉県加須市で利根川の堤防が決壊。あふれた水は、江戸以

勝鬨橋（中央区）

前の旧利根川の流路であった中川と江戸川に沿った地域を流下し、葛飾区と江戸川区の全域、足立区の東半分が水没するという大水害を引き起こした。葛飾区では都心方面への避難路は四ツ木橋しかなかった。この橋は戦前に架設された木橋で老朽化が著しく、洪水に持ちこたえたのは奇跡的であった。危機感を募らせた都は、戦争で中断していた四ッ木橋の鉄橋への架け替え工事の再開をGHQに陳情したが、新規の道路や橋梁の建設は認めないと一蹴された。しかし滝尾は、英訳した河川の流量解析などの資料を用い粘り強く必要性を説明し、ついに昭和二十四年に事業再開に漕ぎつけた。当時の建設局長であった石川栄耀は、後にこの時の様子を「滝尾君の不断の努力でOKとなった時のユカイさ。卓を叩

開通直後の四ツ木橋（墨田区・葛飾区）

き双手をあげて『万歳』を叫んだ」と喜びを記している。これが皮切りとなり、新宿の曙橋、墨堤通りの綾瀬橋、東十条の十条跨線橋、亀戸の江東新橋、昭島の拝島橋など、戦前、滝尾が橋梁課長の時に中断を決断した事業を自らの手で次々と再開させていった。

昭和二十六年、滝尾は建設局長に昇格。そして昭和二十八年には橋梁課を復活させ、震災復興以来の橋梁の大型プロジェクト「荒川架橋事業」に着手した。現在の荒川は、東京を水害から守るべく、昭和五年に完成した人工の水路（荒川放水路）である。当時、ここに架かる橋の大半は木橋。鉄橋への更新は、戦前から繰り越された東京の大きな課題であった。この橋梁課の設立を機に、以後十五年間で西新井橋など橋長五百メートル前後の鋼

開通直後の拝島橋（撤去　八王子市・昭島市）

鉄製の長大橋が六橋も架設されることになる。滝尾は橋梁課の復活を見届け、翌年に定年退職で東京都を去った。橋に始まり橋に終わった役人人生であった。

戦後間もない時期に架けられたこれらの橋は、現在でも首都の交通を支え続けている。この時代の滝尾らの尽力がなければ、直後に訪れる高度経済成長期を支えることは不可能だったろう。

それから七十年が経ち、これらの橋にも綻びが生じてきたように見える。橋の物理的寿命は優に百年以上あると思うが、一方、機能的寿命はそこまではないと思う。災害への備え、交通需要、バリアフリーなどの時代のニーズによって、多くの橋では物理的寿命の前に賞味期限がくるのではないだろうか。

橋桁が堤防の高さより低いため安全な高さが確保できない堤防、二車線で設計した橋を交通量に合わせ無理やり四車線で供用させている狭隘な橋、昔の構造基準で建設したために車道も歩道も狭い橋など目白押しである。加えて、車いすなどのバリアフリー対策や自転車道など、以前にはなかったニーズも多い。これらを物理的寿命を延ばす、いわゆる「長寿命化対策」で改善させることは無理である。

現在、橋に限らずインフラ全般で長寿命化事業が盛んである。長寿命とは突き詰めれば、更新の先延ばしでしかない。いずれのインフラでも機能的寿命はある。長寿命化に大きく振れ過ぎた針を、少しだけ更新や新設へと戻すことが必要ではないだろうか。

ＧＨＱの統治や財政難という時代にあっても、先達は私たちに素晴らしいインフラを残してくれた。次世代にも安全で使いやすいインフラを残すこと、それは現代を生きる私たちの責務だと思う。

10 隅田川のDNA

古川一郎◉ふるかわ・いちろう

東京という大都会に隅田川という空間があることで、どれだけこの街にやすらぎを与えてくれていることだろうか。心が折れそうになった時など、よくこの川に出かけた。船に乗り、川風を受けながら、次から次へと現れる橋を見ていると、心が癒されるのを感じた。橋の形はバラエティーに富み美しい。そんな時、もし橋の形が全て同じだったら、どんなに味気ないであろうかと思った。

実は、このように様々な形の橋が架かる川というのは、世界的にも大変珍しい。世界遺産に指定されているセーヌ川も美しい橋が架かることで有名だが、ほとんどがアーチ橋である。そのような中、国内では隅田川以外では、おそらく唯一、様々な形の橋が架かる川が岡山県にある。県下三大河川の一つに数えられる高梁(たかはし)川である。岡山県の西部を流れ、川沿いには倉敷市や高梁市、新見市などの都市がある。ちょっと専門的になるが、この川に架かる橋の構造を紹介すると、ゲルバートラス橋の水内橋（みのちばし）、プラットトラス橋の玉川橋、ランガー桁橋の方谷橋（ほうこく）、ランガートラス橋の田井橋、ポニーワーレントラス橋の中井橋、広石橋、タイドアーチ橋の井倉橋、鉄筋コンクリートアーチ橋の江与味橋（えよみ）。実に多彩なラインアップだ。

　橋の完成年を調べると、大半が昭和十二年、十三年の二カ年に集中していた。不思議に思い、さらに調べを進めると、これらは昭和九年九月に西日本を襲った室戸台風の復興で架けられたことが分かった。岡山県内の被害をまとめた『昭和九年風水害誌』によれば、県内で流出した橋は千三百九十四、破損五百五十八と想像を絶する被害で、高梁川でも十四橋中十橋が流出していた。岡山県は、平成三十年の西日本水害でも大きな被害を受けたが、それを遥かに越える大災害であった。

　私はこれだけの規模の災害であれば、岡山県では手に負えず、国土交通省の前身にあたる内務省土木局が直轄で復興を行ったであろうと思っていた。しかし、その想像は神保町の古本屋で見つけた一冊のアルバムで覆された。B4サイズの表紙には「岡山県道路橋写真集」と記され、中には室戸台風の復興で架設された主な橋の写真と、簡単な構造図が貼られていた。そして、橋は岡山県土木部で架けたと記されていた。復興は岡山県の手で行われたのである。アルバムには五十九橋が紹介されていた。その中でも最も川幅が広い高梁川は、さながら関東大震災の復興の隅田川

タイドアーチ橋の井倉橋

ゲルバートラス橋の水内橋

プラットトラス橋の玉川橋

ポニーワーレントラス橋の中井橋

ランガートラス橋の田井橋

ランガー桁橋の方谷橋

竣工直後の高梁川の橋梁群

のようで、前述したように実に多彩な構造の橋が並んでいた。

　戦前には東京と大阪市以外には、橋の専管の組織はなく、これは岡山県も例外ではなかったはずである。誰がこの橋梁群を造り上げたのであろうか。旧知の岡山大学の樋口輝久准教授に高梁川の橋の話をしたところ、当時の復興状況を知らせる新聞記事について教えていただいた。新聞には「岡山県は災害を受けて、震災復興で橋の建設を主導した、元復興局橋梁課長田中豊を顧問として招き、技術指導を仰ぐこととした」「橋梁復興のため、内務省から橋梁専任の古川一郎技師が着任する」などが記されていた。さらに、田中豊は岡山県に在駐することはなく、節目に訪れただけだったこと、実際に岡山県の職員を指導し、高梁川の橋の復興を主導したキーマンは古川一郎という技術者であり、さらに古川が『橋梁工学』という本を著していたことなども教えていただいた。

　後日、この本を入手すると、巻末に古川の略歴が記されていた。大正十四年九州帝国大学土木工学科卒、東京市橋梁課、昭和九年長野県技師、昭和十年岡山県技師、昭和二十三年仙台高等工業教授。古川は、東京市で震災復興を経験した技術者だったのである。勝関橋の設計者である安宅勝（やすみまさる）と同様、古川が東京市に入った時には、既に関東大震災の復興で架ける橋の構造は大方決まっており、設計を補助する程度の役割だったと思う。しかし、最も知識を吸収できる時期に約四百橋もの世界の最新鋭の橋梁群が出来上がるのをライブ

仙台高等工業時代の古川一郎（前列左端）

で見たことは、古川の大きな糧になったに違いない。
さて、この高梁川の復興を期に、わが国に本格的に導入された橋の構造がある。オーストリアのランガー博士が考案した「ランガー橋」である。橋桁を細いアーチで補剛したものので、桁橋を補剛したものをランガー桁橋、トラス橋を補剛したものをランガートラス橋と呼ぶ。ランガー桁橋の方谷橋、ランガートラス橋の田井橋などである。古川は高梁川の復興で、関東大震災の復興で用いられた様々な構造の橋に、当時、最新鋭の橋梁構造であったランガー橋を加えた。
高梁川の復興が一段落した昭和十五年以降、太平洋戦争の激化により、国内の橋の工事の大半は中断を余儀なくされた。この中断を経て戦後の高度経済成長期になると、海峡横断橋やダム開発など、各地で支間長百メートル級の橋の需要が増した。そこで脚光を浴びたのが、この長さに最も適した橋梁構造のランガー橋であった。広島県の音戸大橋、熊本県天草五橋の大矢野橋、小河内ダムの深山(みやま)橋など全国に架橋され、わが国の主要な橋梁技術として根付いた。そして、それは現在まで引き継がれている。

震災復興では様々な構造の橋が架けられた。全て同じ構造の橋を架けた方が設計や施工も楽で、ひいては工事費も安く、工事期間も短かったに違いない。しかし、当時の技術者たちはそれを選択しなかった。田中豊は、その理由として様々な構造の橋の設計や工事に携わることで、日本の橋の技術力が向上することを挙げた。また、東京市橋梁課長の谷井陽之助は、様々な橋を架けることで都市景観を豊かにすることを挙げた。

今より予算も乏しかった時代に彼らは、国全体の橋梁技術や都市景観の向上など、大所高所から橋の構造を決めていったのである。彼らの思いはやがて、世界トップクラスの橋梁技術や現在でも色あせない都市景観として結実した。

田中ら震災復興の技術者らが求めたものは、技術者としての矜持(きょうじ)だったのかもしれない。そして、そのＤＮＡは古川らに引き継がれ、日本の橋梁技術は育まれていったのである。岡山県に行ったら、ぜひ高梁川の橋たちを見てもらいたい。そこには、隅田川の橋から育って行った〝子どもた〟ちが待っている。

11 勝鬨(かちどき)橋を上げた男

安宅　勝◉やすみ・まさる

昭和十六年冬。その家族は、東京から朝鮮の京城へ引っ越す前に、ぜひ家族で訪れたい場所があるとの父親の声に押され、築地の隅田川畔に出かけた。男と妻と娘の三人。そこには、昨年開通したばかりの勝鬨橋という大きな橋が架かっていた。男はゆっくりと橋へと歩を進め、妻と娘もそれに続いた。橋の中央まで行くと男は、ひざが汚れるのも構わず片ひざをつき、橋桁と橋桁の継ぎ目を愛でるようになでた。「ここはエキスパンションというんだよ」。男は娘に静かに言った。その時、背後から女性の声が飛んだ。「あんた危ないよ。この橋はそこが開くんだから」。男は素直に立ち上がり「橋が開くんですか。あなたも見ましたか」と聞いた。「私は近所だから何十回も見てるよ。天に届くように橋が万歳するんだ。それは豪儀なもんだよ」「豪儀ですか」、男は噛みしめるように繰り返し、

安宅勝

微笑みを浮かべた。しかし、男はこの橋が開くことを誰よりも知っていた。なぜなら、この橋を設計した東京市橋梁課技師安宅勝だったからである。

突然、大きなサイレンが響き、橋上に設けられたシグナルが赤に変わると、橋の管理人が慌ただしく歩行者を誘導して停止線まで下がらせた。再びサイレンが鳴ると、砂塵と共にゆっくりと橋桁が動き出した。六十秒後、橋桁が動きを止めると、眼前に五階建ての建物に匹敵する巨大な橋桁が立ちふさがった。どこからともなく、大きな拍手が上がり、家族もその輪の中にいた。

勝鬨橋は、東京市が造成した晴海や豊洲の埋立地への連絡路として昭和十五年に架けられた。また、同年に開催が予定されていた万国博覧会の表玄関としての役割も担っていた。当時、橋より上流には石川島造船のドックや東海汽船の船着場があり、大型船が多く行きかっていたことから、船が通る時だけ橋桁が跳開（ちょうかい）する可動橋が架けられた。橋の床版（しょうばん）以外は全て国産の技術で造られ、設計や工事も日本人の手だけで行われた。戦後、この橋を見た進駐軍の技術将校たちは、それをにわかには信じなかったという。戦前の日本の橋梁技術が到達した最高峰に位置する橋であった。

設計者の安宅は、海軍の計理将校だった父親の転勤先の京都府舞鶴で明治三十五年に生

現在の勝鬨橋（中央区）

を受けた。中学は東京の麻布中学校で学び、英文学への道を歩もうとするが父親の猛反対に遭い、苦手だった数学を猛勉強し一高（理系）、東京帝国大学土木工学科へと進学した。そして卒業後、橋梁メーカーの横河橋梁製作所を経て、昭和二年に東京市に入った。時代は関東大震災の復興の最盛期。とりわけ橋の建設は花形であった。しかし、すでに隅田川をはじめとして橋の計画や設計は終わり、多くは工事の段階に移っていた。わずか二〜三年の遅れであったが、橋梁技術者としての百年に一度の働き場を逃してしまった感は否めない。安宅に与えられた仕事は、古川や神田川など、河川の改修に伴って架設させる小規模な橋の設計であった。現在も残る橋では、飯田橋付近の神田川に架かる隆慶橋や新白鳥（しんしらとり）

開橋した勝鬨橋

橋、港区の古川の五の橋、江東区の平久川の白妙橋などが安宅の設計である。
そんな安宅に吉報がもたらされる。昭和五年、長らく棚上げされてきた勝鬨橋建設の予算が市議会を通り、事業化されたのである。国内では経験のない大型の可動橋であったため、米国の会社へ委託することも取りざたされたが、橋梁課が巻き返し、直営で設計することが決まった。安宅は設計係長滝尾達也のもとで、勝鬨橋の設計を担当することになった。そして、この橋の設計に出合ったことは、安宅の後半世を大きく変えることになる。
安宅は、この前例のない構造の橋を設計するため、元復興局橋梁課長で当時、東京帝国大学土木工学科橋梁工学の教授に就いていた田中豊の指導を仰いだ。田中の研究室で米国

白妙橋（江東区）

の可動橋の本を読みあさり、シカゴ型跳開橋の設計を成し遂げた。橋が閉じた時に橋桁同士をつなぎ合わせるロックや、橋桁間の隙間を渡る都電のレールなどは世界初の構造で、これらについて特許も得た。

安宅は在学時から、将来の自らの進む道について、現場の技術者などではなく、大学の研究者を望んでいた。そのため、卒業時に大学の教師への道を模索したが、成績がトップクラスでなかったためかなえられなかった。しかし、田中の研究室に出入りしていた頃、台北や京城などの帝国大学に理工学部が設立されるという噂がたち、安宅は大学の教師になりたいとの思いを田中に打ち明けた。予想に反して田中の答えは快諾であった。十年近く安宅を傍で見て、この男なら大丈夫と確信していたからであろう。ただし、条件が付いた。一年以内に論文を提出して学位を取ること。安宅は、迷うことなく論文の題材に勝鬨橋の設計を選んだ。昼は市の仕事、夜は論文執筆というハードワークの末、翌年学位を得た。安宅は東京市を退職して、京城帝国大学教授に就任。さらに、戦後は新設された大阪大学教授に転じ、わが国の橋梁工学の指導者の一人となるのである。

安宅が関与した橋でもう一つ興味深い橋がある。環状三号線が靖国通りをまたぐ曙橋である。この橋は昭和三十二年に開通したが、建設局には「昭和七年」と記された設計図が保管され、図面には安宅のサインが残されている。戦前に基礎杭工事と鋼鉄製の橋桁製作に着手したが、戦況の悪化によって中断。その後、昭和三十年に工事が再開された。橋桁は戦前に浦賀船渠（せんきょ）の工場で製作。戦中は保管され、戦後に江東区砂町にあった櫻田機械の工場で修復され、現地に架設されたことが分かっている。この間、金属供出の目を逃れ、隠されていたことになる。これには、当事者である橋梁課の職員であった安宅らの関与がなかったとは考えにくい。おそらく技術者として、多くの手を経て製作された橋桁が鋳直（いなお）され、鉄砲の弾になることは、耐え難いことだったのかも知れない。

安宅勝のお孫さんに、安宅薫さんという著名なピアニストがいる。以前、元財務局の竹本部長にご紹介され、お会いしたことがある。曙橋は、おじい様が設計された橋と伝えると、全く知らなかったと驚かれ、「私は毎日この

曙橋（新宿区）

橋を利用しています。私たち家族は、祖父に守られ生きていたのですね」とささやかれた。安宅勝が聞いたら、どんなにか喜んだことだろう。土木屋冥利とは、こういうことを言うのではないだろうか。

12 戦争で生まれた橋

曽川正之◉そがわ・まさゆき

北海道夕張市の山中にシューパロ湖という人造湖がある。原生林に囲まれた湖面の静寂さからは、湖底に二万五千人が暮らした町や鉄道が眠ることなど想像すらできない。この湖の傍ら、国道から外れてヒグマにおびえながら旧林道跡を五分ほど歩くと、錆びた小さなトラス橋の「夕張川橋（小巻沢林道橋）」にたどり着く。橋はこの地が石炭で栄えた昭和二十年代に架橋された。構造は「ＪＫＴトラス橋」という。

ＪＫＴトラス橋は、もともとは太平洋戦争時、外地に転戦する際の応急の軍用橋として製造されたものであった。終戦後、資材が不足するなか、陸軍の倉庫にストックされていたＪＫＴトラス橋を用いて、全国各地に橋が架けられた。「夕張川橋」もその一つである。しかし多くは、仮設であったことや、経年で老朽化が進んだことから、相次いで姿を消し

JKT トラス橋の夕張川橋（北海道夕張市　小巻沢林道橋）

た。

ＪＫＴトラス橋は、人力で戦場を運搬し、組み立てを迅速に行うプレハブ橋として設計された。解体した一ブロックあたりの大きさは、底辺一・五メートル、高さ〇・七十五メートルの三角形。これを複数個つなぎ合わせることで、長さ一・五メートル～三十二メートルの様々な長さの橋を構築できた。

第二次世界大戦中、戦争に注力するため、国内で橋の建設は中断した。しかしこの橋は軍需品として増産体制が敷かれ、橋梁会社はこの橋を製造することで戦時下の食い代をつないでいった。造られた橋の総重量は、終戦までに一万トンに達したと言われている。

橋の設計は昭和四年頃から横河橋梁製作所で、同社の技術者であった曽川正之を中心に行われた。曽川の経歴を追ってみたい。曽川は明治二十六年に横浜で生を受けた。高等小学校卒業後、京都東本願寺の山門の造営、次いで京都市や横浜市の水道事業に従事。その傍ら、夜間に建築、土木、英語などの専門学校で学んだ。そして大正四年に東京市に入り、橋梁課に配属になった。

この時の上司は東京市の初代橋梁課長で、隅田川の新大橋を設計し、日本橋や四谷見附橋の設計を指導した樺島正義である。米国に留学し、近代橋梁の設計を持ち帰った樺島により、東京の橋梁は一気に近代化が図られていた。それを曽川は傍らで見て、指導を受けていたことになる。橋梁技術のイロハを樺島から伝授されたであろうことは想像に難くない。大正十年、樺島は突如として東京市を退職し、日本初の橋梁設計会社を立ち上げる。東京市で役人としての出世の道を歩むのではなく、生涯一橋梁技術者の道を望んだためと言われる。曽川は樺島の後を追うように樺島の設計会社に入社。いかに樺島に心酔していたかを察することができる。樺島の会社は当初、関東大震災の復興需要などで好調であったが、やがて昭和恐慌の影響で頓挫し、曽川は昭和四年に設計会社に籍を置いたまま横河橋梁に移った。戦前、橋の設計は発注者であ

曽川正之

る役所の職員が直接行い、橋梁会社は製作や架設のみを担っていた。このため、設計に精通した曽川は会社にとって大変貴重な人材であった。

当時、横河橋梁は陸軍から戦地での応急橋の開発を依頼されていた。曽川は入社直後にその設計を命じられた。橋は戦場を人力で持ち歩き、人力で架設するために軽量化を図る必要があった。曽川はそのために、材料には鉄とマンガンの合金で軽くて高強度の「高張力鋼」を採用。さらに鉄板同士のつなぎ合わせは、当時、一般的であったリベット（鋲）ではなく「溶接」を用いた。高張力鋼は、軍艦の製造などに使用されていたハイテク高級材料。溶接もようやく軍艦に用いられるようになった最新技術で、橋では初の採用であった。国産の溶接機械もなく、直流溶接機を輸入し作業が行われた。

これで誕生したのがKKTトラス橋。陸軍はこの橋を用いて、昭和八年に東京都北区の新河岸川で実地の架設訓練を行った。この橋は「中の橋」と名付けられ、平成の初めまで架けられていた。このKKTトラス橋をさらに運搬しやすいように、底辺一・五メートル、高さ〇・七五メートルの三角形に分割できるように改良したのがJKTトラス橋である。他にも戦車用の応急橋のTG機など、終戦までの十六年間にわたり、曽川は様々なタイプの軍用橋開発の中核を担った。曽川の年齢でいえば、三十六歳から五十二歳の間にあたる。まさしく働き盛りを軍用橋の開発に捧げたことになる。昭和二十年八月、終戦により軍事

KKTトラス橋の中の橋（東京都北区　新河岸川　撤去）

機密であった軍用橋の図面や計算書は、陸軍の命により全て廃棄された。これにより、戦争で生まれた橋の詳細は、曽川の頭の中だけに残されることになったのである。

昭和二十三年、曽川は五十五歳になり定年を迎えたが、その後、七十歳を迎える昭和三十八年まで横河橋梁で再雇用される。当時の役所は、戦争による橋梁事業の長期中断や、多くの技術系職員を失ったことで、技術は途絶え、戦前のように橋の設計を役所の職員が行うことは不可能になっていた。そこで、各橋梁会社が設計し提案した案を役所が選定・採用する「競争設計」の時代が訪れていた。このため定年を経てもなお、曽川の高い技術力を横河橋梁が必要としていたのである。戦後の復興期に曽川が関与した橋は、茨城県の湊大橋、前橋市の群馬大橋、徳島県の小鳴門橋、長崎県の西海橋など名だたる名橋が並ぶ。疑うことなく、この時代においてトップを走る橋梁技術者であった。もし働き盛りを戦争で軍用橋製作に充てることなく、通常の橋の設計に充てていたなら、全国にもっと多くの名橋を残していたであろう。

戦後、わが国の橋梁技術は長足の進歩を遂げる。長大橋を建設する上での技術革新のキーワードは、「高張力鋼」と「溶接」であった。これに速やかに対応できたがゆえに、日本の橋梁技術はいち早く世界のトップレベルに躍り出て、多くの架橋で交通ネットワーク

群馬大橋（群馬県前橋市）

小鳴門大橋（徳島県鳴門市）

西海橋（長崎県佐世保市）

を造り、高度経済成長を支えることができたのである。この溶接と高張力鋼の技術は、戦時下の軍用橋の製造から得られたものであった。そしてその陰には、この橋を生み出した曽川がいたのである。

曽川正之の名は、今日の橋梁技術者でも知るものはまずいない。しかし、東京市が生んだこの技術者の名を、後輩である私たちは誇りに想い忘れてはならないと思う。長年の功績にもかかわらず、曽川は会社の役員に名を連ねることなく、生涯を一技術者で終えた。そこには、同様に生涯一橋梁技術者を望んだ曽川の師匠樺島正義の姿が重ねて見えてくる。

13

師匠と弟子

鈴木清一
◉すずき・せいいち

岐阜市内、長良川に忠節(ちゅうせつ)橋という橋が架けられている。橋長二百六十六メートルの鋼鉄製のアーチ橋で、詳しくは鋼中路式ブレストリブ・バランスト・タイドアーチ橋という構造である。隅田川の白鬚(しらひげ)橋と同じ構造といえば、イメージできる方も多いと思う。アーチが作り出す曲線は流れるようで、優美でありながら風格もある。橋の背後にそびえる金華山と並び、岐阜市のシンボルと称えられる。

以前、岐阜県への出張時に、県庁の方にこの橋を案内していただいたことがある。その際に昭和二十三年に架けられたと説明を受け、私は耳を疑った。昭和二十三年といえば終戦直後で、物資も予算もなく、さらにはＧＨＱの統治下でインフラ整備はままならなかった時代。このように美しく大きな橋を架けられるはずがないと思ったからである。しかし、昭和二十三年に架けられたのは事実だった。

忠節橋（岐阜県岐阜市）

忠節橋は戦後、全国で初めて架けられた長大橋だったのである。

他にも岐阜県内には、名橋と呼ばれる橋が多く架かる。忠節橋に隣接し長良川に架かる長良橋。昭和二十九年に架けられた鋼鉄製の鈑桁橋（ばんげたきょう）。詳しくは、二百七十メートルの連続した一本の橋桁で作られた五径間連続鋼鈑桁橋という構造。これは国内初の施工事例であった。継ぎ目がないため振動や騒音が少なく、耐震性が高く、さらに経済性にも優れる。良いことずくめのようだが、構造計算が大変難しい。電算技術が発達した現在ならともかく、七十年前に手計算で行うのはさぞかし大変だったと思う。

全国でオンリーワンの橋もある。昭和二十九年に木曽川の丸山ダムに架けられた旅足橋（たびそこはし）。

長良橋（岐阜県岐阜市）

米国の橋梁技術者デビット・スタインマンが考案した新形式の吊り橋で、世界に目を拡げてもわずか五橋しかないという希少橋である。トラス桁の上弦材を吊り橋のケーブルが代替することで橋の重量を節約でき、吊り橋の大敵の風にも強いという特徴があった。将来、長大吊り橋はこの構造が席捲するだろうと言われていた。旅足橋は、将来の長大吊り橋の建設を見据え、わが国の橋梁技術を先導する橋だったのである。

忠節橋、長良橋、旅足橋の三橋は、いずれも昭和二十年代に架橋された。そして昭和二十年代に国内で最多、五百橋もの橋を架けたのも岐阜県だった。なぜ昭和二十年代の岐阜県で、このような意欲的な橋梁事業が行われたのであろうか。

旅足橋（岐阜県八百津町）

この謎は意外なところから解けた。江東区新砂にある東京都土木技術支援・人材育成センターには、都で施工された工事写真や図面などを集めたアーカイブスがある。都が作成した資料の他、ＯＢなどからの寄贈も多い。その一つに鈴木清一氏のご遺族から寄贈された資料がある。橋の工事アルバムが多数含まれると聞いていたが、当然、東京の橋であろうと鵜呑みにしていた。二年程前にそれらを改めてじっくり見てみると、アルバムの約半数の十冊ほどが岐阜県内の橋に関するものであった。

写真には橋名と撮影日が記載され、橋は昭和二十一〜二十九年に架けられたものと分かった。まさしく昭和二十年代に合致する。一緒にとじられた新聞の切り抜きなどから、アルバム主の鈴木清一氏がこの間、岐阜県の土木部長を務めていたことも分かった。

優れた橋が架けられた影には、必ず優れた技術者がいる。隅田川では復興局の太田圓三、田中豊や東京市の谷井陽之助、大阪市都市計画での堀威夫（ほりたけお）、大正末に愛媛の山間部に美しい鉄筋コンクリートアーチ橋群を残した坂本一平、岡山の室戸台風復興の古川一郎など枚挙にいとまがない。さて、鈴木清一とは、どのような技術者だったのだろうか。

鈴木清一は、関東大震災の復興で復興局土木部橋梁課に席を置き、清洲橋の実施設計を行った技術者であった。明治三十三年に東京で生まれ、大学は九州帝国大学土木工学科で学んだ。関東大震災を受け、故郷の復興の力になりたいと、大正十四年の卒業とともに復興局の門をたたいた。入局時に受け取った辞令は横浜出張所勤務であったが、大学の恩師の吉田徳次郎教授が橋梁課長の田中豊と東大の同級で、田中に紹介状を書いていたことが縁で、田中が人事課に掛け合い橋梁課に配属が変更された。これが鈴木の人生を大きく変えることになった。鈴木は生涯、橋梁技術者としての道を歩むことになったのである。

清洲橋は、昭和三年に架けられた国内唯一の鋼鉄製の自碇式（じていしき）チェーン吊り橋で、後に帝都復興の華とうたわれた美しい橋である。鈴木の入局時、隅田川で清洲橋だけ設計の担当が決まっていなかった。しばらくして鈴木は田中に呼ばれ、清洲橋を設計するよう命じられた。日本初の構造、帝都復興のシンボル、田中はそれを大学卒業直後の青年に委ねたこ

鈴木清一が設計した清洲橋（竣工直前）

とになる。鈴木の能力、そして可能性を見込んでのことだったと思う。鈴木もこれに見事に応えた。

昭和四十一年、田中豊の追悼文集で、鈴木は以下のように記している。「田中先生は、どんなに忙しくても、一日に一回は設計室を見回り、職員に声を掛けて下さいました。ある時、私が『設計し出来上がった橋梁が、設計当時は最善と思っていても、出来上がってしばらくすると各所に不満が見いだされる』と不満を述べると、先生は『君、それでこそ君が前進していることになるのだ。出来上がっているものに、満足しているようではだめだ。我々は常に前進しようではないか』といわれました」。田中のこの言葉は、鈴木の脳裏に深く刻み込まれ、鈴木が橋と向かい合う

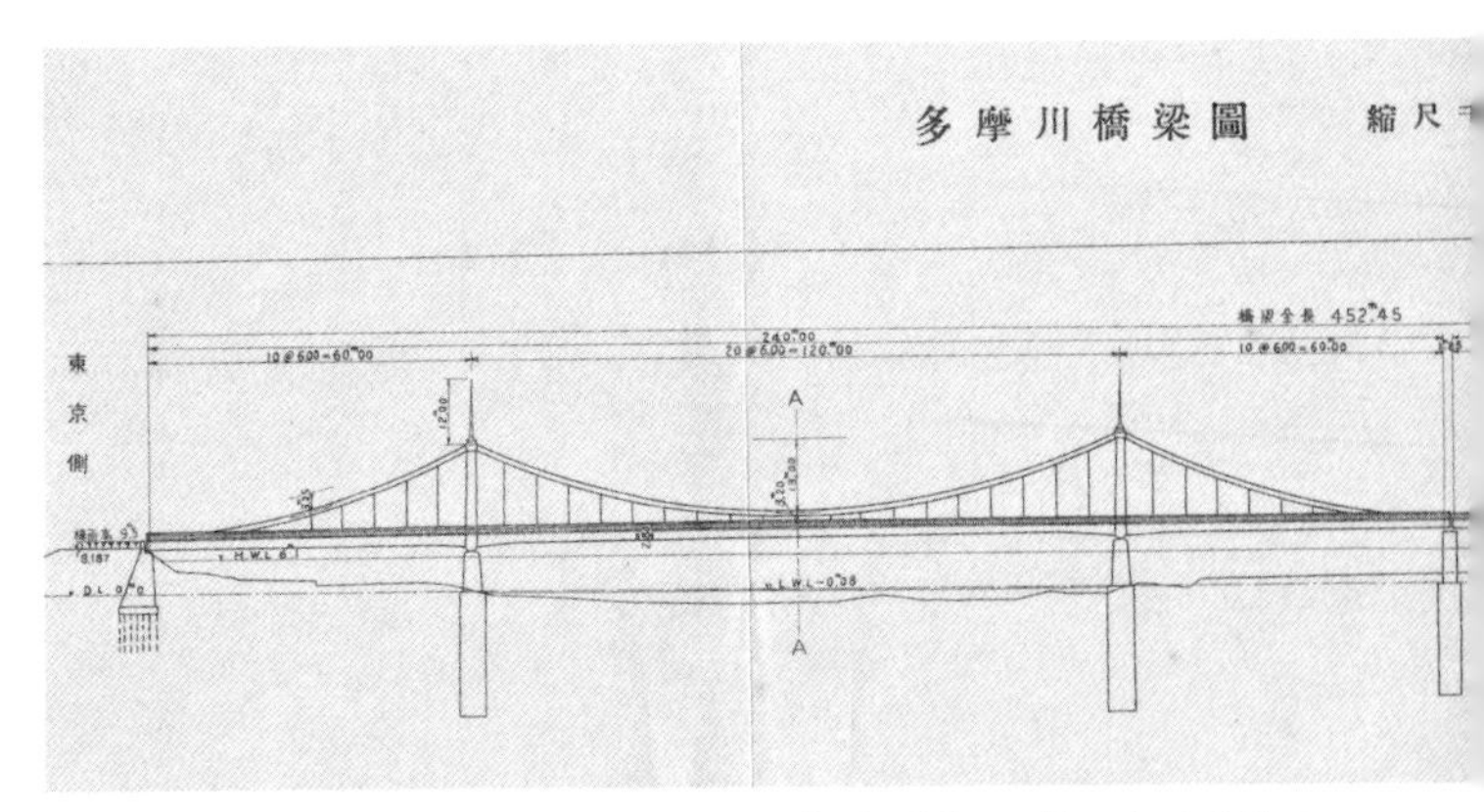

幻に終わった第二京浜国道「多摩川橋梁図」清洲橋と同様の自碇式吊り橋であった

上での矜持となった。

鈴木は復興事業の収束に伴い、昭和三年に内務省人事で茨城県へ異動。そこで水戸市のシンボルと言われた水府（すいふ）橋を設計した。そして昭和八年に内務省土木局に異動。ここでは主に府県の橋梁指導を行う傍ら、二件の橋梁計画に携わった。

一件目は、東京と横浜を結ぶ第二京浜国道（現国道1号）での多摩川横断橋梁。この国道は昭和十五年の東京オリンピックでマラソンコースとなる予定で、日本の国力を誇示するため、ドイツのアウトバーンをモデルに建設が進められていた。多摩川横断橋梁には、帝都の西のゲートにふさわしい象徴性が求められた。ここに清洲橋と同構造の自碇式吊り橋を計画した。しかし戦争でオリンピックを返上、工事も中断され、この箇所には昭和二十四年に鋼鈑桁橋の多摩川大橋が架橋された。

二件目は本州と九州を結ぶ関門国道の計画である。鈴木はトンネル案と橋梁案の比較を命じられた。技術的には橋梁案を良としたが、空爆の脆弱性を危惧する軍部の猛烈な反対に遭い、トンネル案に軍配が決まった。このトンネルは戦後の昭和三十三年に開通した。

現在の関門橋は、高度経済成長期に新たに設計され、昭和四十八年に開通した橋である。しかし、鈴木が設計した橋と、約四十年を経て完成したこの新橋とは、架橋位置や構造がほとんど同じだったという。鈴木をはじめとした戦前の日本の橋梁技術が、いかに高水準にあったかをうかがい知ることができる。もし戦前に完成していたなら、サンフランシスコの金門橋、ニューヨークのジョージワシントン橋に次ぐ世界第三位の長大橋であった。設計の最中、鈴木の目には、前を行く欧米の背中がはっきりと映っていたことであろう。しかし、戦争による長いブランクにより、再び大きく水をあけられてしまった。

その後、昭和十八年に千葉県土木課長、そして昭和二十一年に岐阜県土木部長に就任した。戦争が終わり、欧米の背中を追って再び始動を始める。それが岐阜での鈴木の十年間だった。鈴木は、戦後直後の資材も人材も予算もない時代に、設計や施工も複雑であったが、あえて新しい構造を、そして美しい橋を追い求めた。それらは地域のシンボルとなり、多くの岐阜県民に愛され、その後のわが国の橋梁発展に大きく貢献した。それは、同じよ

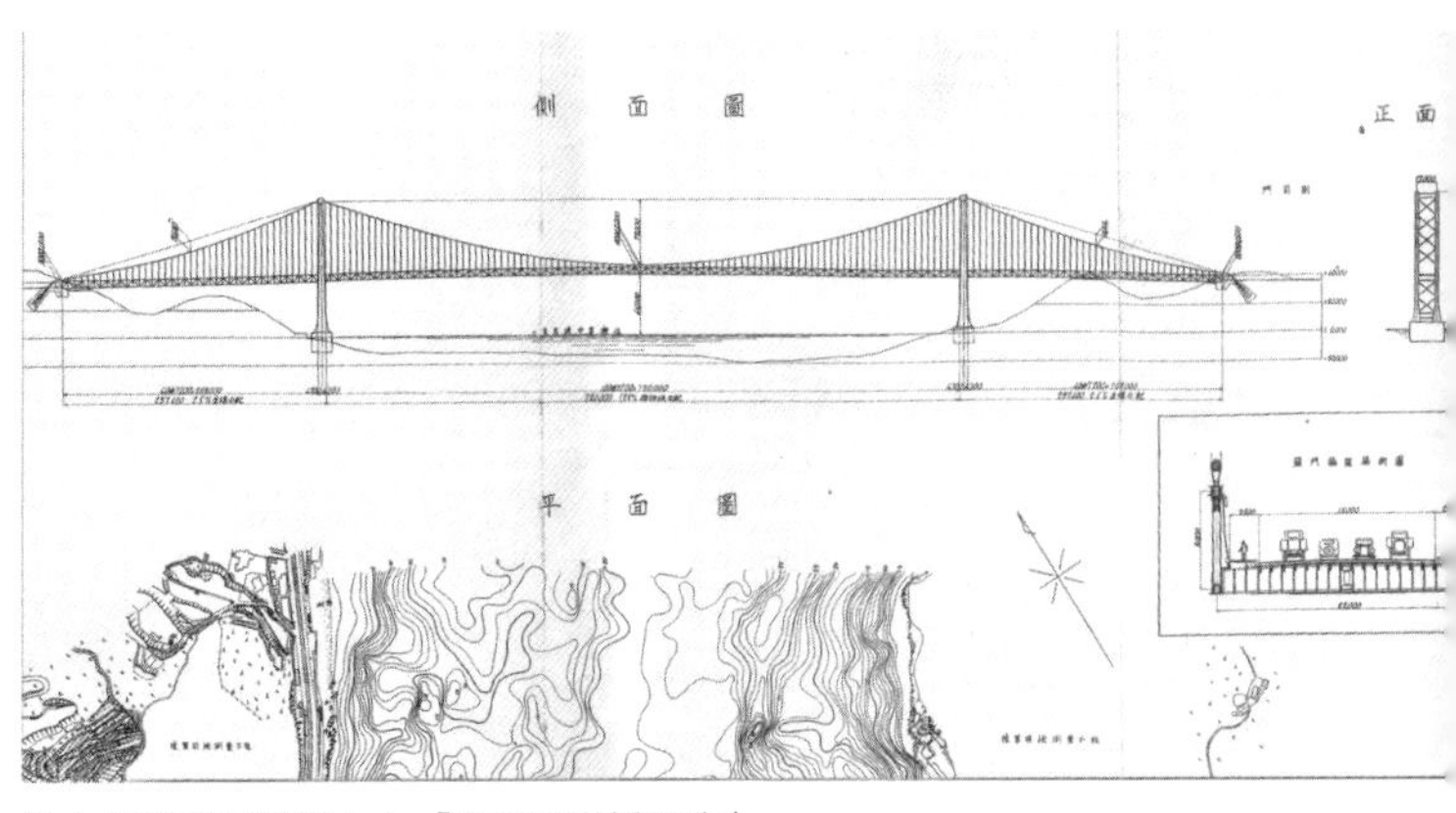

鈴木が戦前に設計した「関門国道橋梁案」

うに予算も技術も乏しかった帝都復興事業で、最新工法にチャレンジし、隅田川に多彩な橋梁群を残した田中の姿に重なる。

鈴木の工事アルバムには、田中が視察で岐阜を訪れた際に一緒に撮った写真が収められている。田中の浮かべた穏やかな表情からは、忠節橋などを見て安心し、鈴木という優れた技術者を育てたことへの喜びと安堵感が伝わってくる。

頭が柔らかく、最も知識を吸収できる入社直後の時期に優れた指導者に巡り合えるか否かは運かもしれないが、社会人として生きていく上で、非常に大きなウエートを占めると思う。一方、指導者にとって優れた後継者を残せたか否かは、自らが社会人として何を成したかを判断する最も重要な指標と言えるの

中央：田中豊、右端：鈴木清一（岐阜市にて）

ではないだろうか。鈴木にとって人生最大の糧は、最初の上司が田中であったことであるし、今日でも田中豊が高く評価されるのは、何よりも、鈴木清一をはじめ、日本の橋梁技術を飛躍させた多くの優れた技術者を育てたからに他ならない。

そして鈴木もまたしかり。岐阜の橋の建設を通じて多くの橋梁技術者を育てた。その一人、旅足橋（たびそこはし）を設計した笹戸松二は、後に日本道路公団や阪神高速道路公団に転じ、わが国最大のトラス橋である港大橋などを設計。その後、長岡技術科学大学の教授に就き、わが国の橋梁工学の権威の一人となった。師匠にしてこの弟子在りというところであろう。

14 歩道橋の夕陽

長 裕二◉ちょう・ゆうじ

東京都が管理する一般の道路橋数は千二百橋ほどである。単純に数量だけを都道府県レベルで比較すると、意外かもしれないが全国で下位に位置する。他に橋の関連でいえば、横断歩道橋を六百橋ほど管理している。一転して、この数は全国トップクラスである。実は東京は全国に冠たる歩道橋王国なのである。高度経済成長期、交通事故が急増し「交通戦争」と呼ばれる社会問題になった。歩道橋はその解決策の切り札として導入されたもので、全国トップという数字は、いかに東京の自動車交通が激しく、それに起因した交通事故が多かったかを示している。

全国で初めての歩道橋は、昭和三十四年に愛知県西部の西琵琶町に建設された「西琵琶島歩道橋」である。西琵琶町は、名古屋と岐阜を結ぶ幹線道路の国道22号が町の中心部を貫き、交通事故が多発していた。このため小中学生の通学の安全を図るために国道をまたいで建設されたのである。当時はまだ横断歩道橋という固有名称はなく、「学童専用陸橋」と呼ばれた。この橋は、平成二十二年に道路の拡幅で撤去されたが、その際、一般の橋でもまず行われない「渡り納め式」が挙行され、千人もの町民が参加し別れを惜しんだ。地域の利便に供し、いかに多くの住民に長く愛されてきたかの証と言える。

さて、歩道橋の建設は、昭和四十年代に全国で急速に進んだ。しかしこれに先立ち、昭和三十七年から歩道橋の建設が進められた都市が三カ所ある。

全国に先んじて建設した都市。それは東京や大阪ではなく、意外にも岐阜市であった。岐阜市は前述した西琵琶町から近い。おそらく日本初の歩道橋の効果を、そばで見て肌で感じていたのだろう。歩道橋の建設を推進したのは、岐阜市長の松尾吾策(まつおごさく)。通常、歩道橋の建設や管理は、下を通る道路の管理者が行う。つまり国道上は国が、県道上は県が、市道上であれば市が施行する。岐阜市内で交通量の多い幹線道路は、たいがい国道や県道であるが、両者に歩道橋の設置を陳情しても建設は遅々として進まなかった。当時はまだ歩道橋に関する法令や構造基準が定まっておらず、それも少なからず影響したのであろう。

そんな中、松尾市長は市道、県道、国道の区別なく、危険な箇所から優先して市の予算を投じて歩道橋を建設した。まだ歩道橋という名前はなく「跨道橋(こどうきょう)」と名付けられた。やがて、学校や住民から大好評を博し、全国に

岐阜市内に昭和37年に設置されたトラス構造の横断歩道橋

広がる先鞭となった。現在、歩道橋の構造は全国ほぼ一律、桁橋が大半を占める。しかし、この時期に岐阜市に建設された歩道橋はトラス橋が多く、軽やかな外観はこの街ならではの都市景観を形作っている。

次に続いたのが北九州市である。歩道橋の橋名は○○歩道橋というのが一般的であるが、八幡小学校の前に架かる市内最初の歩道橋は「よしぼう橋」と名付けられている。この歩道橋は、大火で命を落とした息子の供養にと、昭和三十七年にご両親が通学路の安全を願って市へ寄贈したものという。橋の名はご子息の呼び名「よし坊」から取られた。ご両親の願いがかなったのか、この後、市内には全国でもトップクラスの密度で歩道橋が架けられ、多くの児童の命を救った。また北九州市内には、他都市には見られない独特のデザインの歩道橋が多く見られる。これらは、ラーメン構造で角は丸く縁取りされた柔らかなフォルム。わが国の工業デザインの第一人者の柳宗理のデザインによるもので、地元企業でもある八幡製鉄所（現日本製鉄）が柳に依頼し、商品化したものであった。都市景観に配慮し、土木では画期的な取り組みであった。市内には、同構造の歩道橋が十六橋ほど現存している。

　そして東京である。東龍太郎知事が、東京オリンピックに向

北九州市に昭和37年に設置された歩道橋（よしぼう橋と刻まれた親柱が設置されている）

北九州市で多くみられる柳宗理がデザインした歩道橋

東京初（昭和37年）の横断歩道橋の「中原口歩道橋」（品川区）

けローマを視察した際に歩道橋を目にし、帰国後、職員に検討を命じたのが始まりという。当初、建設局は建設に慎重であったが、東知事のトップダウンで建設が進められた。最初に架けられたのは品川区西五反田。国道1号と中原街道が分岐する交差点に架けられた「中原口歩道橋」で、昭和三十七年八月に完成し今も現役である。

引き続いて建設されたのが、環状七号線をまたぐ歩道橋であった。当時、環状七号線は、昭和三十九年十月開催の東京オリンピックまでの完成を目指して突貫で工事が行われていた。当初、歩道橋は建設計画に入っていなかったが、工事が進み道路の形が見えてくるにつれ、信号間隔が約五百メートルと長く、地域が分断されることが危惧されるようになり、道路開通に合わせるべく急きょ歩道橋の建設が決まった。

この歩道橋の設計を担ったのが、後に東京都都市計画局長になる特定街路建設事務所の長（ちょう）裕二であった。長は早稲田大学で橋梁工学の権威青木楠男に師事し、卒業論文もランガー橋の解析。就職で都を希望したのも、当時、橋梁技術で国内最高水準にあった組織で、橋や都市計画の仕事に携わりたいという理由からであった。しかし昭和三十三年に入都して配属されたのは、前年に渡米した安井誠一郎知事が持ち帰り、導入が決まったパーキングメーターの係であった。

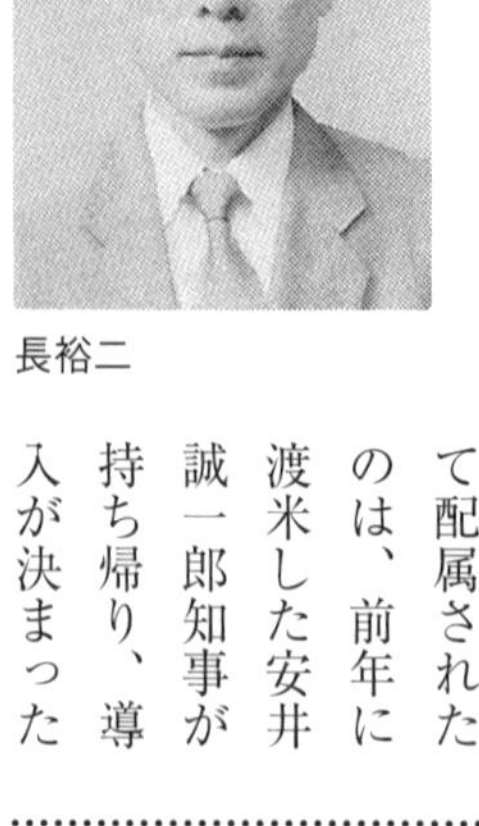
長裕二

二年後、東京オリンピックの開催に向けて、会場などを結ぶ都市計画道路を建設するために特定街路建設事務所の設置が決まり、都庁内で職員が募集された。これに長は応じた。オリンピックに向けての最大の道路整備は環状七号線。主要な交差点は立体交差という、都市内の道路として世界にも例のない構造であった。長が担当したのは、環状七号線でアンダーパス第一号となる若林立体と、新青梅街道をオーバーする丸山陸橋。就職時の希望がようやくかなえられた。丸山陸橋では東京で初となる鉄筋コンクリートホロースラブ橋を設計した。そして回ってきたのが、新しいインフラである歩道橋の設計であった。

時間がなく全国的な標準設計もない中、設

環状七号線では、開通（昭和39年）に合わせ多くの歩道橋が建設された。写真は「野沢歩道橋」（世田谷区）

計は試行錯誤で行われた。この時に建設された環状七号線の歩道橋は、橋桁と橋脚が剛結されたラーメン構造。全体のフォルムは、曲線的な柳宗理の歩道橋とは対照的に、鋭角で直線的である。階段の欄干も格子状のデザインでモダンだ。歩道橋といえば皆同じ形と思いがちであるが、柳宗理や環状七号線のものは熟慮して造られたことが感じ取られ、後に制定された標準設計のステレオタイプと違いカッコいい。

歩道橋という新しい構造物、しかも工事規模は小さい。さらにオリンピックまでの短期間での完成が至上命題。建設会社や橋梁メーカーは受注に二の足を踏んだ。そこで長は歩道橋の構造を統一。受注の意欲を高めるよう発注ロットを大きくし、十橋を一括した工事で発注した。このようにしてオリンピックまでに、一挙に東京都内に二十九橋もの歩道橋が出現した。

今日まで歩道橋は、交通事故死を減らすなど大きな効果を上げてきた。また東日本大震災では、歩道橋の意外な効果も明らかになった。津波発生時、歩道橋上に逃れた多くの人の命を救ったのである。これを参考に南海トラフ地震で大きな被害が予想される静岡県吉田町では、地震時に避難する「津波タワー」を兼ねた歩道橋を新たに十五基も新設した。

このような効果がある一方、高齢者の増加に伴い、歩道橋は都市内の新たなバリアと思われるようになってきた。都建設局では近年、利用者が少なく、近傍に横断歩道があり、また通学路指定もない場合などには、住民要望により歩道橋の撤去を行うこともある。歩道橋の管理数は、ピーク時に比べて約百橋ほど減少した。

原宿の駅前に「神宮前歩道橋」という歩道橋があった。橋上からは表参道の坂道や両側のおしゃれな街並みが見渡せた。今も私の脳裏にある原宿は、中学三年の時、初めて一人で訪れた原宿でこの歩道橋から見た風景である。かつて竹の子族が一世を風靡した時、彼らを眺める見物人で歩道橋は鈴なりだった。この歩道橋も七年前に撤去された。撤去される一週間前、工事の段取り書を手に現場を見に行った。原宿駅の改札を出ると、夕陽をバックに表参道に長いシルエットを落とす歩道橋があった。それが、なぜかとても寂し気に見えたのを覚えている。

15 晴海橋梁から見える風景

田島二郎◉たじま・じろう

豊洲と晴海を隔てる晴海運河に錆びた古い鉄のアーチ橋（ローゼ橋）が架かる。橋の名は晴海橋梁。昭和六十一年までこの鉄橋には、東京港貨物専用鉄道が通り、貨物列車が運行されていた。私がこの橋の存在を知ったのは、建設局で新交通「ゆりかもめ」を担当していた平成四、五年の頃だったと思う。当時、ゆりかもめは、平成七年に臨海副都心で開催が予定されていた世界都市博覧会の交通アクセスとして新橋駅から有明駅間の建設を行い、これと並行して有明駅から豊洲を通り勝鬨までの延伸計画も進めていた。晴海運河付近は、前述した旧貨物専用鉄道跡地の利用も考えており、晴海橋梁を再使用するか、撤去して新しい橋を架けるかなども検討していた。

その頃、「橋梁工学の偉い先生が晴海橋梁のことを気にしているようだ」と上司から告げられた。橋は鉄道が廃止されてから放置さ

田島二郎

れており、今後どう取り扱われるかを心配しているという。その先生とは、埼玉大学の田島二郎教授であった。調べてみると、この橋は田島が設計したということ、鉄道橋としては国内初のローゼ橋であることなどが分かった。

田島は大正十五年に東京に生まれた。昭和十八年に旧制東京府立第六中学校（現新宿高校）を卒業して浦和高校（現埼玉大学）に進み、昭和二十年には東京帝国大学航空工学科に入学。戦時中、航空工学科は人気があり最難関の学科であったが、敗戦を受けて九月に廃止され、翌年、やむなく土木工学科に転科することになった。もし戦争が続いていたら、橋梁工学の大家田島二郎は誕生せず、後のこの国の橋梁景観も変わったものになっていたかも知れない。

昭和二十四年、東大を卒業して運輸省に入省。直後にできたばかりの国鉄に配属され、国鉄の第一期生となった。国鉄では特殊設計室に配属された。組織の先輩には、復興局橋梁課長や東大教授を務めた田中豊らがいる国鉄技術陣のエリート部署であった。田島は、ここで晴海橋梁の設計を任された。ローゼ橋はアーチ橋の詳細構造の一つである。姿が美しいが設計計算が複雑なため、戦前には普及しなかった。国内で初めて架けられたのは、道路では昭和二十九年の広島市の住吉橋、鉄

晴海橋梁（中央区・江東区）

道橋では昭和三十二年の晴海橋梁であった。

　昭和三十二年、特殊設計室は東海道新幹線の建設を控えて組織が拡充され、構造物設計事務所となった。田島はここで新幹線の橋梁設計に参画した。鉄道の橋といえばトラス橋が多いが、田島は都市内で広幅員の道路をまたぐ橋に、景観を考慮しローゼ橋を採用した。大田区馬込で国道1号をまたぐ馬込架道橋、名古屋市熱田区で国道1号をまたぐ六番町架道橋、操車場への引き込み線が首都高をまたぐ大井ふ頭新幹線高速第一号架道橋の三橋である。その後、国鉄は全国に七橋のローゼ橋を架けたが、田島はその全ての設計に関わった。いずれも都市内に架けられたため、景観性に配慮したゆえの選択で、後年の田島の橋に対する美学が垣間見える。

田島の国鉄時代の功績は、溶接橋梁や合成桁の採用など数多いが、そのうちでも最大の功績は、高力ボルトの設計と施工方法を確立したことである。それまでの鉄橋は、製造し

馬込架道橋（東海道新幹線　大田区）

たり現場で架設したりする際、部材と部材を接合するのにリベットという鋲（びょう）を使っていた。現場では、高温に熱したリベットをハンマーでたたいて設置するため、危険で音もうるさく作業には熟練を要した。それをボルト方式に変えることで、短時間に安全かつ経済的に施工することが可能になった。このためこの工法が開発されると、わずか数年でリベットは高力ボルトに取って代わられ姿を消した。橋梁架設における革命であった。この研究により、田島は東京大学から学位を授与された。

昭和四十六年、田島は発足した直後の本州四国連絡橋公団の設計第一部次長に転じた。長大吊り橋を鉄道が渡ることは世界でも初めてで、この対策のために呼ばれたのであるが、やがて道路も含め橋梁計画全体を取り仕切る

瀬戸大橋（岡山県・香川県）

ことになった。昭和四十八年設計第一部長、昭和五十三年設計部長。昭和五十五年に退職するまで約九年間に渡り世界屈指の長大橋梁の計画や設計に携わり、在職中に大鳴門橋、因島（いんのしま）大橋、大三島大橋、瀬戸大橋などを設計し次々に着工した。

昭和五十五年、埼玉大学教授就任。ここから橋梁アドバイザーとして田島の第二の人生が始まった。田島が持つ豊富な知識を求め、全国から橋の検討委員会の委員の就任依頼や相談が舞い込んだ。これには、田島の持つ温厚な人柄や意見集約力の高さも追い風になった。東京の橋では、レインボーブリッジ、四谷見附橋（長池見附橋）、稲城市のくじら橋、是政橋や多摩水道橋などの多摩川中流域橋梁群の建設委員会に参画した。

昭和五十五年頃、四ツ谷駅前には、大正二年に開通した東京最古のアーチ橋の四谷見附橋が架けられていた。都では国道20号の拡幅を進めており、それに伴い橋の架け替えも予定していた。しかし、地元から橋を保存して欲しいとの声が上がった。

これに対し都は、土木学会に四谷見附橋の土木史的調査を委託。学会では都市工学・土木史の権威の新谷洋二東大教授を委員長、橋梁工学の権威の田島を副委員長とする調査委員会を立ち上げ、橋の歴史的価値の検証を行った。そして、ネオバロック様式の親柱や欄干、照明などの意匠は、近接する迎

くじら橋（稲城市）

是政橋（府中市・稲城市）

開通直後の四谷見附橋

四谷見附橋を移設した長池見附橋（八王子市）

賓館と対でデザインされたことなどが判明。委員会は土木史上、大変貴重な構造物であると提言した。

田島は調査を通じて橋の歴史的価値を強く認識するようになり、合わせて健全性も確認できたことから、どうにか保存できないかと考えるようになった。そして新聞の連載や単行本『四谷見附橋物語』の刊行を通して、各界に四谷見附橋の意義と保存の必要性を訴える運動を展開した。

これが功を奏し、昭和六十三年に建設省と都は、新橋に架け替えるものの、現在の橋は八王子市に移設し保存することを決定した。それまで古くなった土木構造物は無用と見なされ、撤去されるのが常であった。しかし四谷見附橋では、橋に歴史的、技術史的価値を見いだし、それを移設・保存するという道を拓いたのである。

都は橋の移設方法などの検討を再度、土木学会に委託した。学会では今度は田島を委員長、新谷を副委員長として移設委員会を立ち上げ、解体・再建方法の詳細な検討が行われた。田島はこの橋を後世に完全な形で残すべきと考え、失われていた橋桁端部の飾りなど建設時のデザインを完全に復元することと、橋を組み立てる際にリベットを用いることなどを提言した。

旧橋の欄干や親柱、橋灯（きょうとう）などは補修され、新橋で再利用された。そしてアーチ橋は、八王子の多摩ニュータウン内に移設され、第二の人生を歩むことになった。この際、欄干などはオリジナルに忠実に復元。橋桁端部の飾りも復元された。そして鉄材同士の接合には、橋の架設工事から失われて久しかったリベットが復活した。

構造には強いが景観には興味がない技術者や、デザインのセンスはあるが構造にはまるで弱いという橋梁デザイナーが多い。構造と景観の双方に強い技術者はほとんどいない。田島は超一流の構造技術者でありながら、景観にも人一倍配慮する、そして歴史性や文化的なものも嗜好する稀有な技術者であった。

晴海橋梁

田島二郎が撮影し作成した晴海橋梁の絵葉書

しかし死は思いのほか早く訪れた。平成十年八月逝去、七十二歳であった。本四公団で力を注いだ明石海峡大橋が同年四月に開通し、まるでそれを見届けたかのような死であった。

田島が心配していた晴海橋梁は、遊歩道として第二の人生を歩むべく、現在、都の港湾局で計画が進められている。数年後には、ニューヨークのハイラインさながらの廃線跡を活用した新しい観光スポットとして脚光を浴びることだろう。田島が健在だったら、どんなにか喜んだに違いない。

田島はわが国を代表する多くの長大橋に携わった。その数多(あまた)の橋の中にあって、晴海橋梁は決して大きな橋ではない。しかしこの小橋を最も愛し、故にその行く末を深く案じていたと思う。なぜなら、愛娘の名を「晴美」と名付けたほどだったのだから。

16 ミリからキロまでのデザイナー

大野美代子◉おおの・みよこ

昭和六十年十一月末。私は職場の橋梁設計係の先輩たちに連れられて、下町の橋の見学に出かけた。私はその年の春に都庁に入り、青梅の建設事務所で先輩たちに教えられながら、檜原村の都道に架かる小さな橋の設計をどうにか一本仕上げることができた。この見学会は、そんな若造へのご褒美であった。

もうすぐ開通するという首都高中央環状の東側区間に架かる新橋「かつしかハープ橋」が、その日の見学の目玉だった。荒川と新中川の間を隔てる堤防から見上げると、橋桁が天空に大きく緩やかなS字を描いていた。橋桁を吊るために高さの違う二本の主塔から吊られたケーブルも、橋の線形に合わせS字を描き、橋の名が示すように、その姿はまるで空間にハープを奏でるようであった。

隅田川に架かる重厚な橋とは違う、近代的でリズムを感じる橋。横にG（重力）を感じ

かつしかハープ橋（葛飾区）

ながら車を走らせたら、どんなにか心地よいであろう。いつかこんな橋を架けてみたいと思った。橋の設計にデザイナーがいるということ、かつしかハープ橋のデザイナーが大野美代子という女性であることを知ったのは、それからしばらくしてからであった。

大野美代子は、昭和十四年に岡山県玉野市で生まれた。最初は建築家を志したが、三井造船の技術者だった父親から「建築は男社会で女性が生きられる社会ではない」と反対され、デザイン学科ならと許しが出て、多摩美術大学へ進学した。卒業後、銀座松

大野美代子

屋のインテリアデザイン室に入社。ここでジェトロ海外留学生としてスイス留学のチャンスを得た。大野は留学が決まると、その報告のため工業デザイナー界の大御所の柳宗理を訪ねた。その席で大野はヨーロッパで橋の資料を集めて送って欲しいとの依頼を受ける。当時、柳は工業デザインの範疇を大きく超え、八幡製鉄（現日本製鉄）と共同で歩道橋をデザインしている最中であった。そこで、ぜひとも最新の欧州の橋の動向を知りたかったのである。渡欧後、大野は資料を二セット作り、一セットを柳に送り、一セットを手元にとどめた。これが大野と橋との出合いになった。

帰国後の昭和四十六年、大野は大学以来の友人の三井緑と二人の名前の頭文字を取った「エムアンドエムデザイン事務所」を立ち上げた。大野は、原宿にあった1DKの事務所で椅子やテーブルなどのデザインを始めた。それは、手が触れるわずかな違いにもこだわった、まさしくミリの世界のデザインであった。

さて、首都高速は通常、道路の上空に建設される。建設に合わせ、下を通る道路やその付帯施設、例えば歩道橋なども道路管理者である国や都から委託を受け、首都高速道路株式会社（以前であれば同公団）が一体で整備する。板橋区高島平で首都高速五号線のすぐ脇に架かる蓮根歩道橋もその一つである。

当時、首都高速道路公団でこの歩道橋を担当していたのは、椎泰敏という技術者であった。椎はヨーロッパに留学した同僚から「ヨーロッパでは、橋のデザインを土木技術者で

蓮根歩道橋（板橋区）

蓮根歩道橋の橋面

はなく、橋梁デザイナーが行っている」と聞き、試してみたいと思った。しかし、つてを頼りに探しても目ぼしい人は見つからなかった。そもそも「橋梁デザイナー」という職業自体が日本に存在しなかったのである。そんな折、次々に作品を発表するインテリアデザイナーの大野に目が留まり、声をかけた。「人だけが渡る橋だから、人に近いデザインをしている貴女に手伝って欲しい」。見事な口説き文句。一発で大野の心を仕留めた。

　蓮根歩道橋の形はユニークである。上空から見ると、三角形の三辺を内側にくぼませたような形状で、中央には円が抜かれている。美しく流れるような欄干、タイル舗装。秀逸なのはスタイリングだけではない。高齢者も利用しやすいように手すりを、そして橋上には誰もがたたずめるようベンチも設置した。いずれも歩道橋では初めての試みであった。大人はもちろん、幼児、妊婦、高齢者、障害者、誰もが気持ちよく利用できる橋。歩きやすく、美しく、途中にはベンチも欲しい。インテリアデザインとしては、ごく当たり前の発想を屋外の公共空間に延長した。事業を委託した東京都の担当者は、大野のデザインに前例がないことや事業費が増大すると反対した。しかし、大野と椎は粘り強く説明を繰り返し、テストケースとして認めさせた。

　このプロジェクトを通して、大野は「人と橋の距離を縮めること」それこそが、公共施設である橋を設計する上で求められるのではないかと考えた。そしてそれは、大野が終生求め続けるコンセプトになった。まさしくインテリアデザイナーの大野だから成せる技であった。

　蓮根歩道橋は昭和五十二年に完成し、同年度の土木学会田中賞に輝いた。それを機に大野のもとには多くの橋の依頼が舞い込むようになった。デザインした橋は、長いものでは一キロメートルを超えるものもあった。彼女はミリから始まり、キロまでをデザインするデザイナーになったのである。

上谷戸大橋
（平成４年　稲城市）

大杉橋
（平成６年　江戸川区）

みなみ野大橋
（平成11年　八王子市）

五色桜大橋
（平成14年　足立区　田中賞）

豊洲大橋
（平成28年　中央区・江東区）

築地大橋
（平成30年　中央区　田中賞）

大野美代子がデザインした主な東京の橋

大野が関係した東京の橋は、十六橋にも及ぶ。主なものを紹介すると、かつしかハープ橋（昭和六十一年　葛飾区　田中賞）、上谷戸大橋（平成四年　稲城市）、大杉橋（平成六年　江戸川区）、みなみ野大橋（平成十一年　八王子市）、五色桜大橋（平成十四年　足立区　田中賞）、豊洲大橋（平成二十八年　中央区・江東区）、築地大橋（平成三十年　中央区　田中賞）など。

土木学会田中賞は、優れた構造の橋や論文などに贈られる。この賞をせめて一生に一度は受賞したいと考える橋梁技術者は多い。大野は、それを東京だけで四回も受賞している。田中賞を受賞すると、田中賞の文字と受賞年、橋名が刻まれたステンレス製のプレートが土木学会から贈られる。このプレートのデザインも、蓮根歩道橋の受賞を機に土木学会から依頼され、大野がデザインしたものなのである。

田中賞受賞プレート

さらに全国にまで目を拡げれば、大野がデザインした橋は六十五橋、田中賞受賞は十九橋にも及ぶ。横浜ベイブリッジ（平成元年　神奈川県）、別府明礬橋（平成元年　大分県）、小田原ブルーウェイブリッジ（平成六年　神奈川県）、名港中央大橋（平成十年　愛知県）、謙信公大橋（平成十五年　新潟県）、富士川橋（平成十七年　静岡県）など全国津々浦々、

横浜ベイブリッジ
（平成元年　神奈川県）

別府明礬橋
（平成元年　大分県）

小田原ブルーウェイブリッジ
（平成6年　神奈川県）

名港中央大橋
（平成10年　愛知県）

謙信公大橋
（平成15年　新潟県）

富士川橋
（平成17年　静岡県）

大野美代子がデザインした主な田中賞受賞橋梁

築地大橋景観検討委員会での大野美代子氏　後姿は藤野陽三委員長（東京大学教授）

名橋のオンパレードである。もし彼女がいなかったら、この国の橋が創り出す景観は、どんなにか乏しいものになっていたことであろう。

大野が橋をデザインした時期は、昭和五十五年から平成十年頃までに集中しており、以後は、その件数は激減する。これは、わが国の公共事業の状況の変化が影響した。メディアにより、公共事業には定冠詞のごとく「無駄」という言葉が付けられるようになり、平成十年代になると、公共事業予算は減少を続ける。発注者にとってコスト縮減は至上命題とされ、以前のように少しでも良い橋を架けようという機運はしぼみ、大野が働けるフィールドは急速に縮小した。大野の後を追おうと誕生した景観デザイナーたちにとっても、

備前日生大橋（平成27年　岡山県備前市）

それは同様であった。

私が大野美代子氏と最初にお会いしたのは、平成七年に都庁で行われた豊洲大橋など五橋の構造を決める「臨海部橋梁景観検討委員会」の席であった。その後も土木学会の委員会などで何度かお会いする機会があった。そして最後にお会いしたのは、平成二十四年に東京都が主催した「築地大橋景観検討委員会」。彼女は橋の色を決めるため、一メートル角の鉄板に候補色を塗り、それを隅田川に浮かべたボートに載せ、様々な角度から見え方を丁寧にチェックしていた。とても楽しそうに。その姿はまるで、隅田川の風景とおしゃべりしているかのようであった。

大野は平成二十六年、留学の跡をなぞるようにドイツから北欧を旅行した。ところが、この旅行中に体調を崩し、帰国後の検査で病気が発覚し入院した。平成二十七年四月十六日、岡山県の備前日生大橋の開通式が挙行された。この橋は大野が初めて故郷にデザインした橋。開通を見届けたいという想いが、体調を一時的に回復させていた。大野はしっかりとした足取りで開通式に臨んだ。自らが歩んだ人生の軌跡を一歩ずつ見届けるかのように。これが多くの人にとって大野を見る最後の機会になった。翌平成二十八年逝去。

今の日本に大野の後を継ぐ者はいるかと問われれば、残念ながら私には名前が浮かばない。日本の橋梁技術が頂点を極めた時、それをより美しく輝かせた橋梁デザイナー。豊かになった日本が求め、時代が生み出した不世出の橋梁デザイナーであった。

この章を閉じるにあたって、大野美代子を見出した椎泰敏氏の上司であった元首都高速道路公団交通管制部長の大内雅博氏にうかがった話を記したい。大野を語る上で、椎を外すことはできない。椎は昭和四十年に東京大学土木工学科を卒業して公団に入り、当時、第二建設部設計課に在籍していた。首都高速五号線の中台ランプから高島平ランプが椎が担当した区間である。高度成長期、インフラは量を競う時代で、そこに質という要素は乏しかった。椎は、そんなインフラに景観という概念を持ち込んだ稀有な技術者であった。自らのイニシャルをモチーフに設計したというY字形の橋脚、日本で初めてタイル舗装を用いスロープを配した赤塚歩道橋、そして大野と築いた蓮根歩道橋。とりわけ蓮根歩道橋は、多くの人の心を捉え、その評判は経済性一辺倒であった建設省をも動かし、やがて土木構造物のデザインにも配慮した景観設計導入へと道は開かれた。

昭和五十三年六月、蓮根歩道橋は土木学会田中賞を受賞した。しかし、その華やかな表彰式に椎の姿はなかった。同年三月に橋梁の技術指導で訪れたミャンマーで飛行機事故に遭い、三十五年の短い生涯を終えていた。

しかし、椎の遺伝子は途絶えることはなかった。椎を慕い憧れていた首都高の後輩たちと大野により、横浜ベイブリッジ、かつしかハープ橋、五色桜大橋などが次々と建設され、わが国の橋梁、そして景観設計をリードしていった。大内氏は、静かだが力強く話の最後をこう締めくくった。「椎君と大野さんの二人が、この国に景観設計を築いたのです」。

日野橋を透して見た風景 ―「終わりに」に代えて―

令和二年五月十二日、コロナ禍の緊急事態宣言下にもかかわらず、日野橋の袂は多くの人であふれていた。

前年の台風19号で被災した日野橋の約七カ月ぶりの開通を待つ人たちであった。午前十時、特別なセレモニーもなく、白バイが車列を先導。人々は密にならないよう間合いを取りながら、静かに歩道を歩き始めた。

橋を渡った先に何か用があるわけではない。四百メートルの橋を渡ったら、また逆側の歩道を歩いて戻ってくる、ただそれだけである。

それでも、マスクの上の多くの眼は笑っていた。

この一年間、普通の毎日を過ごすことのありがたさ、そしてそれは、かけがえのないものだったということに気づかされた。家族との旅行、教室での授業、友人との飲み会。多くのことが失われ、初めて、その大切さが分か

った。

百年間、毎日、車や人を通し続けてきた。日野橋もそうだったと思う。

SNSでは日野橋というワードが躍った。「日野橋開通おめでとう！」「工事の皆さん、日野橋ありがとう」「いいね！」


この本は、令和二年と三年に『都政新報』に連載した「新橋を透して見える風景」「都市を描く」に加筆し、一冊にまとめたものです。執筆にあたっては、東京都OBの平原勲氏、古川公毅氏、板橋区役所の志村昌彦氏、鉄道総合技術研究所の小野田滋氏、岡山大学の樋口輝久氏にご助言をいただきました。また、白石良多氏には貴重な資料をお借りしました。この場を借りて皆様に感謝を申し上げます。

そして最後に、令和二年四月にご逝去された小池修二氏と令和三年二月にご逝去された大内雅博氏に対し、尊敬と感謝を込め、心よりご冥福をお祈りいたします。

第1章 都市計画

1 孤高の土木技術者

『技術生活より』　直木倫太郎　1919年
「故工学博士直木倫太郎先生と港湾」『港湾』　田村与吉　1943年4月
「直木博士と東京港」『東京港』　田村与吉　1943年5月
「直木倫太郎追悼号」『土木満洲』　1943年6月
「直木倫太郎追悼号」『満洲帝国国務院大陸科学院画報』　1943年12月
『燕洋遺稿集』　直木力　1980年
『技術者の自立･技術の独立を求めて』　土木学会図書館委員会,直木倫太郎･宮本武之輔研究小委員会　丸善　2014年

2 東京を描いた都市計画家

「内務省都市計画局第一技術課長山田博愛君」『都市公論』　1922年8月
「復興計画の当時を顧みて」『都市公論』　1930年4月
『帝都復興事業誌（土木編　上・下編）』　復興事務局　1931年
「帝都復興当時の思い出」『新都市』　1949年4月
「山田博愛追悼号」『新都市』　1958年2月
「帝都復興事業と山田博愛」『土木史研究第31号　講演集』　伊東孝祐,大沢昌玄,伊東孝　土木学会　2011年
『土木人物事典』　藤井肇男　アテネ書房　2004年

3 坂の上の虹

「故来島良亮氏を悼む」『土木』　金子源一郎　1934年1月
「亡友を悼む」『土木』　金子源一郎　1934年1月
「故来島良亮君の記念碑を見て」『道路の改良』　田中好　1935年2月
「都市計画道路と来島良亮君」『都市公論』　田中好　1935年3月
『東京都市計画環状道路改修工事報告書』　東京府　1933年
『土木人物事典』　藤井肇男　アテネ書房　2004年
「千登世橋、白鬚橋、音無橋、目黒新橋写真」東京都建設局蔵

4 建設省を作った男

『民主的国土建設と一技術者』　兼岩伝一君記念出版の会　民衆社 1972年

5 夢を与えた都市計画家
「地下鉄神田川橋梁について」『建設と技術』 復興建設技術協会 1955年9月
『歌舞伎町』 新宿第一復興土地区画整理組合 1955年
『余談亭らくがき』 石川栄耀 都市美術家協会 1956年
『都市に生きる - 石川栄耀縦横記』 根岸情治 作品社 1956年
『石川栄耀都市計画論集』 日本都市計画学会 1993年
「特集石川栄耀生誕百年記念号」『都市計画』 1993年7月
『都市計画家石川栄耀』 中島直人, 西成典久, 初田香成, 佐野浩祥, 津久見崇 鹿島出版会 2009年
『石川栄耀』 高崎哲郎 鹿島出版会 2010年
『東京鉄道遺産』 小野田滋 講談社 2013年

第2章 水道

1 古城の橋
『中島工学博士記念 日本水道史』 中島工学博士記念事業会 1927年
『近代上下水道史上の巨人たち』 日本水道新聞社 1973年
『近代水道百人』 日本水道新聞社 1988年
『耕雲種月』 畑山義人 建設図書 2014年

2 水到りて渠を成す
『小河内ダム竣工記念』 東京都水道局 1957年
『水到渠成』 小野基樹 新公論社 1973年
『近代上下水道史上の巨人たち』 日本水道新聞社 1973年
『近代水道百人』 日本水道新聞社 1988年

3 橋も水道も極めた技術者
『東京市職員写真名鑑』 市政人社 1936年
『近代水道百人』 日本水道新聞社 1988年
『長沢浄水場』 東京都水道局 1961年

第3章 鉄道

1 ガード下から
「工学博士 岡田竹五郎」『大日本博士録 第五巻 工学博士之部』 井関

九郎　発展出版部 1930 年
「岡田竹五郎」『鉄道先人録』 日本交通協会編　1972 年
『東京駅誕生』 島秀雄　鹿島出版会　1990 年
『土木人物事典』 藤井肇男　アテネ書房　2004 年
「ベルリン市内の鉄道高架橋写真」 小野田滋氏蔵

2 鉄道院の紋章

「工学博士　阿部美樹志」『大日本博士録　第五巻　工学博士之部』 井関九郎　発展出版部 1930 年
『鉄筋コンクリートにかけた生涯』 江藤静児　日刊建設工業新聞社　1993 年
「ある Engineer-Architect の記録　阿部美樹志博士の足跡」『コンクリート工学』 柴田拓二　1988 年8月
「阿部美樹志とわが国における黎明期の鉄道高架橋」『土木史研究 vol21 号』 小野田滋　土木学会　2001 年
『土木人物事典』 藤井肇男　アテネ書房　2004 年

3 もう一つの『火垂るの墓』

『都市の交通と地下鉄道』 野坂相如　三省堂　1930 年
「大東京交通機関の統制に就て」『大東京に課せられた諸問題と其の解決方法』野坂相如　東京市政調査会　1932 年
「私の履歴書（野坂相如）」『旧交会会報9号』 1965 年
『野坂昭如との対談』 野坂相如　中村書店　1970 年
「野坂さんと都市計画」『旧交会会報 16 号』浅野英 1979 年
「野坂さんを偲ぶ」『旧交会会報 16 号』五十嵐真作 1979 年
「野坂さんを偲ぶ」『旧交会会報 16 号』奥田教朝 1979 年

第4章 橋

1 瀬田唐橋

「花房周太郎君」『土木建築雑誌』 1923 年9月
「回想」『土木建築雑誌』 1924 年9月
「故花房氏を偲ぶ」『土木建築雑誌』 1932 年6月
『瀬田橋記念帖』 銭高組　1924 年
『瀬田橋工事概要』 瀬田橋架橋記念碑

2 兄弟

『鷹の羽風−太田圓三君の思出』　故太田圓三君追悼会　1926 年
「太田圓三追悼特集」『都市工学』　1926 年5月
「太田圓三追悼特集」『土木建築雑誌』　1926 年5月
『目で見る木下杢太郎の生涯』　杢太郎会　緑星者出版部　1981 年

3 一冊の工事アルバム

『追憶　白石多士良』　白石基礎株式会社　1955 年
『技術開発とケーソン工法の先駆者 白石多士良略伝』　白石俊多　多士不動産　1984 年
『地底に基礎を掘る 日本に於ける空気ケーソンの歴史』　平山復二郎　パシフィック・コンサルタンツ　1955 年
『永代橋工事写真』　白石多士良
「白石多士良氏写真」　白石良多氏蔵

4 3人の米国人

『明治以後本邦土木と外人』　土木学会　1942 年
『追憶　白石多士良』　白石基礎株式会社　1955 年
『永代橋工事写真アルバム』　白石多士良

5 土木界のペテロ

「故釘宮巌氏をしのぶ」『土木学会誌』　平山復二郎　1961 年8月
『故釘宮巌氏をしのぶ』　釘宮巌君追悼発起人編
『土木建築工事画報』　1925 年 4 月

6 橋の革命児

「復興橋梁座談会」『エンジニア』　1930 年3月
「橋梁の爆撃とその対策」『道路』　田中豊　1942 年1月
『二重橋竣工までのアルバム帳』　田中豊　1964 年
「田中豊追悼号」『土木技術』　1964 年 10 月
「田中豊先生をしのぶ」『土木施工』　沼田政矩　1964 年 11 月
『田中豊博士追想録』　東京大学工学部土木工学科橋梁研究室　1967 年
『羽越線折渡隧道工事概要』　鉄道省秋田建設事務所　1926 年

7 五反田の跨線橋

「各国橋梁めぐり」『土木建築雑誌』　谷井陽之助　1924 年1月〜6月

「欧米における市街橋雑感」『土木学会誌』　谷井陽之助　1925年2月
『東京鉄骨橋梁製作所56年のあゆみ』　東京鉄骨橋梁製作所　1984年
『東京鉄骨橋梁製作所社報』98号
『土木人物事典』　藤井肇男　アテネ書房　2004年
『東京鉄道遺産』　小野田滋　講談社　2013年

8 樺島正義の最後の愛弟子

「橋梁と災害」『土木建築雑誌』　小池啓吉　1931年2月
「京橋の思い出」『土木学会誌』　小池啓吉　1965年12月
『昭和初期の富山都市圏における土木事業と三人の土木技師』　白井芳樹　2005年
「小池啓吉氏写真」　小池修二氏蔵

9 東京市橋梁課の絶対エース

『東京市職員写真名鑑』　市政人社　1936年
「私の都市計画史」『新都市』　石川栄耀　1952年9月
「勝鬨橋写真」　東京都建設局蔵

10 隅田川のDNA

『岡山県道路橋写真輯』　岡山県土木部
「岡山県風水害復旧状況」『土木』土木協会 1937年7月
『橋梁工学』　古川一郎　森北出版　1959年
『仙台高等工業学校創立百周年記念誌』SKK同窓会,仙台高等工業学校創立百周年記念誌編集委員会　2006年
「昭和9年の室戸台風における岡山県の橋梁被害とその復旧について」『土木史研究講演集vol33』樋口輝久,北村明音,馬場俊介　土木学会　2013年
「昭和9年の室戸台風による災害復旧橋梁の『岡山県道路橋写真輯』について」『土木史研究講演集vol40』樋口輝久,紅林章央 土木学会　2020年

11 勝鬨橋を上げた男

『東京市職員写真名鑑』　市政人社　1936年
『田中豊博士追想録』　東京大学工学部土木工学科橋梁研究室　1967年
『ある家族の百年』　田中ルリ　近代文芸社　2015年
「勝鬨橋写真」　東京都建設局蔵

⑫ 戦争で生まれた橋

『曽川正之追想録』 横河橋梁技報編集委員会 1982年

⑬ 師匠と弟子

『田中豊博士追想録』 東京大学工学部土木工学科橋梁研究室 1967年
「鈴木清一氏アルバム」
『三十六號（新京浜）国道工事概要』 内務省東京出張所横浜出張所 1936年
『関門国道連絡設計調査書』 内務省土木局 1937年
「旅足橋」『第3回日本道路会議論文集』 笹戸松二 1956年
「関門国道連絡調査の回顧」『道路』 鈴木清一 1973年9月

⑭ 歩道橋の夕陽

「我が国初期の横断歩道橋に関する研究」『土木史研究 vol15』 増渕文男，安達万里子 土木学会 1995年

⑮ 晴海橋梁から見える風景

『多摩ニュータウン四谷見附橋再建工事誌』 住宅・都市整備公団南多摩開発局 1994年
『田島二郎さんの想い出』 田島二郎さんの想い出刊行会 1999年

⑯ ミリからキロまでのデザイナー

「蓮根歩道橋」『橋梁と基礎』 椎泰敏 1978年2月
「椎泰敏氏をしのぶ」『土木技術』 平野寛 1978年5月
『BRIDGE』 大野美代子＋エムアンドエムデザイン事務所 鹿島出版会 2009年
『BRIDGE 大野美代子の人と人、街と町を繋ぐデザイン』 ギャラリーエークワッド 2018年
「大野美代子氏写真」 多摩美術大学蔵
『スツールからブリッジまで』 大野美代子 エムアンドエムデザイン事務所 2018年

紅林章央（くればやし・あきお）

（公財）東京都道路整備保全公社橋梁担当課長　元東京都建設局橋梁構造専門課長。八王子市出身。昭和60年入都、奥多摩大橋、多摩大橋をはじめ、多くの橋や新交通「ゆりかもめ」、中央環状品川線などの建設に携わる。
著作に『東京の橋 100選＋100』（都政新報社刊）、『100年橋梁』『歴史的鋼橋の補修・補強マニュアル』『日本の近代土木遺産』（土木学会共著）など。『橋を透して見た風景』（都政新報社刊）で平成29年度土木学会出版文化賞を受賞。

HERO

The story of the civil engineers who created Tokyo

東京をつくった土木エンジニアたちの物語

定価はカバーに表示してあります。

2021年9月28日　初版第1刷発行

著　者　**紅林章央**
発行者　吉田　実
発行所　株式会社**都政新報社**
〒160-0023
東京都新宿区西新宿7-23-1　TSビル6階
電 話：03（5330）8788
FAX：03（5330）8904
振 替：00130-2-101470
ホームページ：http://www.toseishimpo.co.jp/
デザイン　荒瀬光治（あむ）
印刷所　藤原印刷株式会社

ISBN 978-4-88614-266-5 C0023